湛庐CHEERS

与最聪明的人共同进化

HERE COMES EVERYBODY

CHEERS
湛庐

彭凯平 主编
塞利格曼
幸福经典3

珍藏版

真实的幸福

AUTHENTIC HAPPINESS

Using the New Positive Psychology to Realize Your Potential for Lasting Fulfillment

[美] 马丁·塞利格曼 著
Martin E.P. Seligman
洪兰 译

浙江教育出版社·杭州

Martin E.P. Seligman

积极心理学之父

马丁·塞利格曼

◎ 美国心理协会终身成就奖获得者

◎ 国际积极心理协会终身荣誉主席

The Legendary Psychologist

创造历史的传奇心理学家

以最高票当选美国心理协会主席，推动心理学进入全新时代

1998 年，心理学界学术权威机构——美国心理协会，以史上最高票数诞生了一位主席，他就是马丁·塞利格曼。

塞利格曼是一个善于创造历史的传奇人物：仅用两年零八个月就拿到了宾夕法尼亚大学的博士学位，刷新了宾夕法尼亚大学心理学系建系以来的纪录；26 岁便获得终身教职，成为美国历史上最年轻的心理学教授；因其经典学术发现——习得性无助，入选 20 世纪 100 位心理学家，并成为排位最高的积极心理学家；因卓越的学术成就，荣获美国心理协会威廉姆斯奖、詹姆斯·卡特尔奖两项大奖，成为该协会双奖加身的第一人；1998 年，当选美国心理协会主席时，创造了该协会最高票当选的纪录。

在担任美国心理协会主席期间，塞利格曼推动心理学完成了四大变革：第一，心理学摒弃了行为主义并认真对待认知；第二，心理学把研究的关注点从痛苦转向幸福；第三，心理学终于认真对待进化论和大脑；第四，心理学从对过去的痴迷转向研究如何思考未来。可以说，因为塞利格曼，心理学从研究痛苦转向研究幸福，从关注病人转向关注普通人，让追求幸福成了一件自然而然的事情。

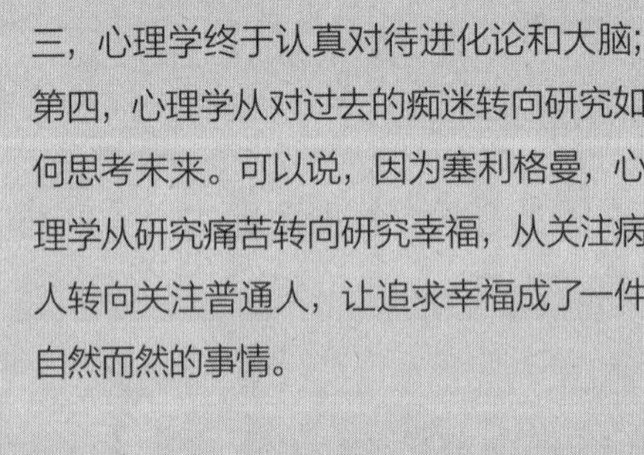

Founder of Positive Psychology

积极心理学创建者

为普通人增加幸福感，让心理学从精神疾病的黑暗世界进入精神健康的美好世界

在 1998 年美国心理协会主席就职致辞中，塞利格曼发出了令整个心理学界为之震动的倡议："心理学自弗洛伊德以来始终关注的是对人类病态阴郁的探究，心理学家们热衷于把 -8 的人提升到 -2，而我的目标是把 +2 的人提升到 +6。"

数年后的今天，人们仍将塞利格曼的致辞作为积极心理学诞生的标志，他本人也成为世界公认的"积极心理学之父"，成为国际积极心理协会终身荣誉主席。

塞利格曼致力于研究积极体验和积极情绪，探究如何才能让普通人变得更加幸福，成就蓬勃丰盈的人生。塞利格曼还创建了"真实的幸福"网站，分享自己的研究成果，并不断拓展自己的幸福理论。目前，已经有超过 200 个国家的 450 多万用户在该网站进行了注册。

Advocate of Positive Education and Positive Psychotherapy

积极教育与积极心理治疗倡导者

帮助人们教出乐观的孩子，活出最乐观的自己

关于教育，一直存在一个悖论：家长往往希望孩子得到"自信""知足""善良""健康""爱"等能走向幸福的特质，却希望学校教授"成就""服从""工作能力""数学"等获得成功的方法，而这两者完全没有重合之处。这就是传统的教育。因为看到了传统教育的这种弊病，所以塞利格曼一直在积极推动积极教育——除了教授实用的课程，还教授有关幸福的课程。结果也证明，积极教育体系下的孩子们不仅有更强的幸福感，在标准化考试中的成绩也更好。目前，积极教育已经在美国、英国、澳大利亚等国家的众多学校开展。

除了在教育领域的应用，积极心理学在心理障碍的治疗方面也极具成效。研究显示，对于抑郁症患者，积极心理疗法的效果明显优于药物治疗和认知疗法。

Go Along with Psychology

与心理学同行的一生

从无助到希望，从黑暗到光明

塞利格曼的人生轨迹和心理学本身的轨迹正如两条平行线，是相辅相成的。

与心理学一样，塞利格曼也曾执着于思考如何最小化自己的痛苦，如何减少抑郁，如何安抚愤怒的同事等。但正是因为意识到，即使是解决了所有的问题，这一切也只是个零，塞利格曼才开始改变自己的思考方式——不再执着于纠正缺点，而是开始搭建美好；不再试图让自己少一些不快乐，而是让自己捕捉到更多快乐。于是，如同心理学一样，塞利格曼也冲破了人生路上的无助和黑暗，走向了积极和幸福。

正如塞利格曼所说："我的个人生活和心理学都从绝望升华到希望，从黑暗穿过阴霾走向了光明。"

《活出最乐观的自己》

《认识自己，接纳自己》

《真实的幸福》

《教出乐观的孩子》

《塞利格曼自传》

"塞利格曼幸福经典"系列

你知道如何建立优势、实现自我吗?

扫码加入书架
领取阅读激励

- 当你处于消极情绪中时，最好什么也不要干，因为你将什么也干不好，这是对的吗?

  A. 对

  B. 错

扫码获取全部测试题及答案，
一起了解如何获得持续的
幸福

- 亚里士多德在 2500 年前问：“什么是幸福的生活?”对此积极心理学的回答是：

  A. 追求容易获得的愉悦

  B. 找出你的优势并且发挥它

  C. 时刻关注自己的感受

  D. 用最少的时间赚尽可能多的钱

- 以下哪项做法不能有效增加生活中的愉悦感?

  A. 先吃一口冰激凌，然后等 30 秒，再吃下一口

  B. 当聆听室内音乐的时候，闭上眼睛

  C. 一天冥想两次，每次至少 20 分钟，连续做几个星期

  D. 自我封闭，任何事都不与他人分享，免得被议论

扫描左侧二维码查看本书更多测试题

目　录

第二部分　幸福在哪里

第三部分　用幸福斟满人生

推荐序 1

希望开创“人类第二个轴心时代”的心理学巨匠

彭凯平
清华大学社会科学学院院长
中国积极心理学发起人

我是一个积极心理学的“皈依者”，在 2008 年之前，我是不相信积极心理学的。

20 世纪 70 ～ 80 年代，心理学领域掀起了一场认知革命。其中最具有影响力的研究是对人类非理性的认知误区的研究，诞生了两位获得诺贝尔经济学奖的心理学家：丹尼尔・卡尼曼（Daniel Kahneman）和理查德・泰勒（Richard H. Thaler）。我的博士生导师理查德・尼斯贝特（Richard E. Nisbett）教授，也是这一领域的领军人物。在这样的心理学大潮的影响下，我一直相信，帮助人类提高自己的理性和认知能力才是心理学应该追求的主流方向，所以我的主要研究兴趣一直是人类的高级认知，例如因果关系、虚假相关、价值观与行为不一致性、违背逻辑的“辩证思维”，以及文化对这些认知过程的影响等。

2008 年，应清华大学的邀请，我回国主持清华大学心理学系的复建工作。一个很深切的感受，就是中国社会的发展迅速，相较于我出国时的1988 年，人们的生活水平在 20 年内有了明显的提高。但是我也发现，我们面临的心理挑战有增无减，社会普遍存在一些急躁、烦恼、焦虑、担忧的情绪，我们一直在追求粗放的更大、更好、更高档次、更有面子的路上义无反顾，却没有用心去体会自己内心的感受——那些精细的情感、流动的美以及大自然和人类社会遗留给我们的宁静与平和。在这样一种无比冲动的文化氛围下，焦虑症、抑郁症、躁狂症、自我封闭症等心理问题出现的概率逐年升高，并且越来越蔓延到更年轻一代的身上。是的，今天的这个社会不管从哪个角度来看都并不宁静，工业革命后几百年里人类社会的喧嚣甚至超过以往几千年所积累下来的所有喧嚣。处于这个现代化的颠覆性变革的世界中，似乎每种文化、每个国家、每个人都在努力去寻找着自己的“第二曲线”。增长成为全世界所有学科努力的方向与新的信仰。可是，到如今，也没有任何一个人可以明确给出这种关于增长的新的信仰究竟是否合适的定论。

中国也没能幸免于那些现代化的陷阱。虽然我们 5 000 多年根深蒂固的文化传统中有那么多值得并且能够让我们淡定下来的基因，但是全球化的步伐、地缘政治、军事威胁、科技与社会的颠覆式创新、人类物质财富的极大增长等诸多力量累加起来的作用力，在推动着这个蓝色星球“旋转得越来越快”。显然，在此时此刻，那些我们正在经历着的变革具备更强大的诱惑力。

然而，这种诱惑并不全都是积极的，其产生的很多结果甚至会导向人道主义的灾难。传统的心理学则非常像是一种应急的技术手段，自然而然地成为处理这些并不积极的心理结果的良方。的确，传统心理学在这方面做出了巨大的贡献。可是，这并不够。

从诞生之日起，心理学就不止有疗愈创伤这一项功能。它还有帮助人类心灵成长、认知提升与积极乐观地面对生活、追求最真实的幸福的功能。它也有造就不断适应未来的社会精英、激发人的优势潜能、改造人们的学习方式、丰富人类对世界和自己存在意义的探索的目的。无论如何，在一个更加多元、更加不确定、更加融合的新时代里，这些目的都显得如此重要。传统的心理科学和实践的研究，事实上已经不能满足飞速发展的现代社会的需求了。如何从科学心理学的角度去帮助人们获得安全感、获得感和幸福感，也许需要一些新的思路和方法，尤其是面对中国这个更加具体的全球发展引擎时，这种紧迫性更加突出。这时，我发现了积极心理学，并开始关注这一领域的奠基人马丁·塞利格曼的诸多颇有成就的研究工作。

塞利格曼的积极心理学之路

塞利格曼出生于美国纽约州奥尔巴尼，在家乡念书时，他喜好篮球运动，后因未能入选篮球队而开始研究学问。13 岁那年，他开始专心读书，其中弗洛伊德的《精神分析引论》给他留下了深刻的印象。1964 年，塞利格曼毕业于普林斯顿大学，随后进入宾夕法尼亚大学，师从理查德·所罗门（Richard Solomon）教授学习实验心理学。1967 年，塞利格曼获得普林斯顿大学博士学位，并执教于康奈尔大学。1970 年，他回到宾夕法尼亚大学，在该校的精神病学系接受了为期一年的临床培训后，于 1971 年重返心理学系。塞利格曼先是与布鲁斯·奥弗米埃尔（Bruce Overmier），后来又与史蒂夫·梅尔（Steve Maier）合作研究了狗在受到预置的不可避免的伤害后所表现出的被动性，这就是著名的动物的习得性无助研究。这项研究也被很多人视作改变心理学历史的“伟大心理学实验”之一。

1976 年，塞利格曼晋升为教授，在此期间出版了《习得性无助：沮丧、发展和死亡》（*Helplessness: On Depression, Development, and Death*）一书。1978 年，他与琳恩·艾布拉姆森（Lyn Abramson）和约翰·蒂斯代尔（John Teasdale）一起，重新系统地阐述了习得性无助感的理论模型，并发现人是有习得性无助的：当坏事发生后，那些觉得做什么都不能改变自己困境的人往往会陷入心理上的无助境地。所以，塞利格曼早期享有盛名的工作主要是关于习得性无助、抑郁、悲观主义等负面情绪的研究。也正是因为这方面的研究，美国应用与预防心理学会授予了他终身成就奖。

那么，为什么一个以研究人类负面心理出名的学者转眼便成了推崇积极心理学的大师呢？在他的自传中，塞利格曼讲了一个故事，那就是他和自己女儿的对话。

1998 年，塞利格曼历史性地以最高票当选美国心理协会的主席。当选后的两个星期内，他一直在准备任职致辞。闲暇之余，他来到自己的玫瑰花园，收拾被忽视了一段时间的玫瑰花。他 5 岁的小女儿妮基也来到花园玩耍，不时把爸爸正在准备播种的玫瑰花籽扔到空中，引起爸爸的愤怒，受到大声的呵斥。

妮基一言不发地慢慢走开，过了一会儿，小姑娘回来郑重地说："爸爸，我得和你好好谈一谈。"爸爸不解地望着自己的女儿。妮基说："您可能还记得，从 3 岁到 5 岁，我一直是个爱哭的孩子，但是在我 5 岁生日的时候，我决定再也不哭了，我可以改掉爱哭的习惯，我觉得爸爸你也可以改改爱发脾气的习惯。"

女儿的一席话让塞利格曼感到震撼。多年来，塞利格曼一直在研究动物的无助和人类的抑郁。正如 5 岁的妮基所注意到的那样，这些工作使他变得阴郁、不耐烦和挑剔。

塞利格曼开始反省，如果他研究的是幸福而不是不幸，是成就而不是失败，是力量而不是疾病，是不是会对他、他的孩子，甚至对他的患者有完全不同的影响呢？在他的自传中，塞利格曼描述了他的个人变化。他是一个不断自我超越的人，他广泛阅读，听古典音乐，并广交不同领域的朋友。为了放松，他打桥牌。在第一次婚姻失败后，他在 1988 年与曼迪·麦卡锡（Mandy McCarthy）结为夫妻。曼迪来自英国，她给了塞利格曼无条件的爱，又与他生育了 5 个孩子，这是他自认为的幸福的源泉。在遇到曼迪之前，他根本看不起“幸福”这个词，欣赏的是叔本华、尼采、弗洛伊德的观点，即“生活的目的是减少痛苦”。现在，他渴望“更快乐”，而不仅仅是“不要不快乐”。

与此同时，塞利格曼渐渐得出结论：弗洛伊德的治疗和药物并不能解决抑郁症的流行，它们可能会暂时缓解痛苦，但都不能让患者重获新生。他开始反抗心理学界对病理心理学的执着和对应用研究的蔑视。他开始反思，也许心理学可以减少对病理心理学的关注，减少对传统的心理治疗的依赖，相信人类积极心理的能力，培养自身的优势和美德，从人类内在的积极方向上去引导他们，启发他们，帮助他们，激励他们。他开始提出，为什么我们不能科学地研究适应良好、快乐幸福的人呢？为什么我们不能去发现他们是如何兴旺发达的？为什么我们不能将这些人的成功秘诀变成普通人学习的榜样呢？他写道：“积极的心理学召唤着我，就像燃烧的灌木召唤摩西一样。”

正是带着这种宗教般的激情，塞利格曼变成了一个社会活动家。他奔波于世界各地，不断向各种基金会、董事会、心理学同行、非专业团体，尤其是普通公众表达他的见解，介绍他的研究，推广积极心理学。在长达 30 年的不断努力的过程中，他发表了 40 多篇论文，撰写了 5 本畅销书——《活出最乐观的自己》《认识自己，接纳自己》《真实的幸福》《教出乐观的孩子》《持续的幸福》，用精辟且通俗易懂的语言来宣传他的理念，用独创和令人信服的新概念赋予了传统智慧新的意义。他创建了世界上第一个积极心理学研究中心，在宾夕法尼亚大学开设了第一个应用积极心理学的研究生培养项目，领导建立了国际积极心理协会和国际积极教育联盟（IPEN），并将积极心理学引入企业、学校、医学界、军队和政府部门。在他的领导之下，积极心理学已经成为心理学一个活跃的研究领域，三个国际积极心理学学术杂志也相继诞生，包括《幸福研究杂志》（*Journal of Happiness Studies*）、《积极心理学杂志》（*The Journal of Positive Psychology*）、《幸福评估杂志》（*Journal of Well-Being Assessment*），成千上万的研究人员投身这一领域，发表了数千篇学术研究论文，出版了上百本关于积极心理学的图书。

塞利格曼也是中国积极心理学的支持者和引路人。他派出了他的学生赵昱鲲、曾光、安妮来清华大学心理学系完成博士学位教育，同时也成为中国积极心理学早期的宣传者。他也是第一届和第五届国际积极心理学大会的演讲嘉宾，并以 70 多岁的高龄来中国宣讲。每一次国际积极心理学大会，他都积极参与我们组织的中国论坛并出席讲话。更重要的是，他相信中国的积极心理学是国际积极心理学领域能够领导世界潮流的力量，甚至是积极心理学影响社会的最重要的实验地，能产生影响人类未来的研究和实践。他对习近平主席提出的“中国梦”“人类命运共同体”以及以人民的“幸福感、获得感、安全感”为社会发展指标的观点极为欣赏、支持，并认为这一观点与积极心理学的理念一脉相通。可以说，塞利格曼不仅是世界积极心理学之父，也是中国积极心理学的奠基人之一。

塞利格曼的积极心理学研究

塞利格曼是积极心理学的倡导者，但本质上，他更是人类积极心态的专业研究者。他一如既往地应用心理学的科学研究方法，探索曾经被认为是哲学甚至是神学研究的种种话题，我个人认为其突出的研究贡献体现在以下 4 个重要领域。

对幸福研究的科学探索

积极心理学得到迅猛发展的一个重要原因是它对幸福这一古老话题的科学探索。积极心理学认为，幸福不仅是一个美好的目标，也是人心的主观感受，因此幸福感是可以被定义、测量、传授和提升的，提高人的主观幸福感可以使个人更加充实，家庭更加和谐，公司更有生产力，士兵更有战斗力，学生更好学，婚姻更幸福。问题是，这些承诺真的能兑现吗？与以往其他学科对幸福的探索不同，塞利格曼认为，幸福的积极意义是有客观证据的，幸福也是可以被科学研究的。他带领的科研团队利用了当代社会科学的各种研究方法，如调查方法、纵向研究、聚类分析、动物实验、大脑成像、激素测量和案例研究，对人的幸福感进行了系统研究。例如，塞利格曼及其团队是世界上最早对脸书等社交媒体上的文本进行大数据分析的，发现人的幸福感的变化与健康、财富、学习、成就、婚姻等美好生活的指标密切相关。

心理学界对负面心理的加工强势效应一直怀有一种信念，这种信念也被很多研究证实，例如，我们更容易记住未解决的问题、遇到的挫折和痛心的失败，以及没有得到的金钱、地位、爱情和快乐。2019 年，心理学家约翰·蒂尔尼（John Tierney）和罗伊·鲍迈斯特（Roy F. Baumeister）在专著《坏的力量》（*The Power of Bad*）中，总结了这方面的大量研究。还有不少人把“幸福”看成“愚蠢”的近义词，认为一谈论幸福就显得人肤浅没有深度，毕竟悲观主义在学术界的影响根深蒂固，门徒众多，大多数人相信，悲伤、痛苦、愤怒产生智慧，快乐则让人愚蠢。塞缪尔·约翰逊的结论是：“我们不是为幸福而生的。”弗洛伊德的追随者们坚持认为，在人的内心深处，侵略性和冲突性是本质，幸福是不存在的理想。

但塞利格曼坚持认为：与悲观做斗争，记住好的一面，感恩自己的幸福，专注于自己的优势，重塑人看待现实和生活的方式，是一种进化选择出来的人的竞争优势，是对石器时代人类的先祖所常备的灾难性思维的一种升华。他认为，人类社会需要减少对 GDP 的关注，而应该更多地关注国民福祉。2000 年 1 月，塞利格曼和他的同事在《美国心理学家》（*American Psychologist*）杂志上发表了一份宣言，其中讲到：“心理学不仅仅是一个与疾病或健康有关的医学分支，它的规模要大得多。它关乎工作、教育、洞察力、爱、成长和幸福。”这份宣言正式宣告了积极心理学的诞生。

对人类积极品德的科学探索

塞利格曼本质上是很有哲学家气质的，但他的哲学是基于证据的、实证的、科学的理论。

心理学家的书架上通常都有一本《精神障碍诊断与统计手册》(DSM)，这本书列出了人的各种精神疾病的种类。但塞利格曼觉得，为什么不能写一本人类心理的“健康手册”？为什么不能有关于人类美德的分类呢？从 2000 年开始的 3 年时间里，塞利格曼和他的团队仔细研究了从孔子和苏格拉底到惠特曼和弗洛伊德的文章，以及当代社会科学研究人员的研究报告，最终编撰了一本 814 页的百科全书，书名是《性格优势与美德》(*Character Strengths and Virtues*)。书中列举了智慧、勇气、人性、正义、节制、超越等六大核心美德，以及 24 种性格优势。其中的优势包括勇敢、谦虚、坚持、活力、好奇心、社会智慧、灵性、领导能力，以及专家们经过多次辩论后认同的幽默。

基于性格优势和美德研究，塞利格曼还开发出了包括一项行动价值观(VIA)的显著性优势调查，调查对象超过 1 100 万人。这项测试对一个人的性格优势进行排列，并能引导他们进行自我认知和职业指导。它被广泛应用于商业、教育和治疗。这本书是一本密集而富有启发性的概要，提升了塞利格曼的学术声誉，吸引了更多的“皈依者”。

对习得性乐观主义的探索

塞利格曼认为，人的乐观主义的态度是可以培养和学习的。他自己也从一个悲观主义的心理学家，变化成一个积极心理学家。他相信人类的生存环境正在变得更好，习得性乐观将使人类快乐幸福、兴旺发达。他同意哈佛大学著名心理学家史蒂芬·平克（Steven Pinker）[①] 的论点，即人类的暴力在减少，寿命在增加，人道主义在上升，舒适性和便利性在提高，女性地位在提升。50 年前的心理学研究领域，男性占绝对统治地位，研究冲突、压力和支配的学者很多；如今，女性占主导地位，研究合作、积极情绪、参与、信任和人际关系的学者越来越多。

塞利格曼还利用乐观主义预测收入、关系、成就甚至总统选举，得出结论：乐观主义突出的人有竞争优势，甚至作为总统候选人时通常也会获胜。他预言，人类社会会越来越好。但是，塞利格曼也提醒我们要小心盲目乐观主义带来的伤害，例如股市的非理性繁荣往往是由过度的乐观主义导致的，忽视和包容各种形式的不平等容易让社会的不公平合法化，盲目的乐观主义往往也是独裁者惯用的宣传伎俩。

对人类憧憬未来天性的探索

塞利格曼认为，人的大脑中有一个“希望回路”，所以我们不是简单的智人（Homo Sapiens）——学习经验，利用工具，解决问题；我们更像是计划人（Homo Prospectus）——我们不是由过去的经验决定，而是由未来召唤。他认为，很多心理学研究的根本问题其实都与未来认识有关，例如人的主观性反映的是每个人对未来的想象不一样、意义判断不一样、价值观不一样，所带来的分析和行为不一样。人的自由意志无非是我们期望、模拟、比较将来的各种可能性，然后在这些不同的可能性中做出选择。人类的大脑最大的用途并不是用来判断过去信息的对或错，而是让人思考如何去说服和影响别人，从而形成良好的社会关系。

① 史蒂芬·平克是当代著名思想家、语言学家和认知心理学家，他的作品《语言本能》是一扇了解语言器官、破解语法基因、开启人类心智的大门。该书中文简体字版已于 2015 年由湛庐文化引进、浙江人民出版社出版。——编者注

他的研究发现，心理健康问题不仅仅是对过去问题的一种困扰和纠结，也是对现在或未来的困扰和纠结。所以，那些经常憧憬未来的人的身心更健康，学习习惯更好，成绩更好，不良习惯更少（抽烟、酗酒、吸毒的行为都较少），锻炼更多，更想存钱，有投资。有意思的是，他还发现，健康、年轻、富有的人喜欢谈未来，年老的人和有病的人则喜欢谈论过去。

因此，积极心理学是未来导向，它和弗洛伊德的精神分析学说、原生家庭原罪学说、出身论等学说有很大的区别。

积极心理学，带着心灵温度的科学

我们说塞利格曼是积极心理学之父，并不是说他的观点以前没有人提过。人本主义大师亚伯拉罕 · 马斯洛（Abraham Maslow）第一个提出了积极心理学这个概念，并以爱因斯坦和梭罗等心理健康人士来代表心理健康的人。亚伦 · T. 贝克（Aaron T. Beck）普及了认知行为疗法，它提供了基于证据的策略来对抗灾难性思维。

积极心理学是一门贴近普通民众的科学。因为一般的知识精英，包括我的心理学同事们，其实曾经在某种程度上，在某一个阶段，在心底都不是特别看得起这门新兴的学问。也有不少积极心理学的批评者经常说，积极心理学说的都是一些常识性的格言，和典型的心灵鸡汤有什么区别？我们真的需要心理学家告诉我们要快乐、要活在当下、要锻炼吗？这些道理，连健身教练都可以说得头头是道。这些所谓的积极心理学家真的就比健身教练更懂健康吗？

这当然是这门新兴学科面对普罗大众时绕不开的一个问题。在中国推广积极心理学 10 多年的亲身经历让我发现，那些需要心理学家关怀的有心理问题的人，那些每天努力工作但感觉“压力山大”的上班族，那些被无聊的工作、没有感情的婚姻、没有意义的娱乐等烦恼所困所累的芸芸众生，真的是需要积极心理学的。因为积极心理学是研究如何给人们希望的科学，是研究如何让人们走出人生冰河的科学。它是科学，是温暖的科学，是带着心灵温度的科学，是有着丰富人文关怀的慈悲的科学。这门学科对人类美好生活的向往与它对美好生活的表达一样激动人心，一样充满感情。所以，很多人会误认为积极心理学是心灵鸡汤。但事实上，两者最本质的区别在于：心灵鸡汤味道挺好，我们却不知道里面是对人没有太大益处的鸡精添加剂，还是真的炖了几个小时的鸡肉；而积极心理学是科学，每一项看似心灵鸡汤的结论都有着严谨的科学实证支撑，并经历了岁月与文化的种种检验。而这些，也是人类 2 000 多年以来的哲学所推崇的纯逻辑式的演绎法所提供不了的事实证明。

心理学，是经验主义的科学，它不接受没有实践，仅凭感受与想象，甚至是仅凭逻辑推理出来的结论。因为心理学在本质上从来都相信，并且只相信一种科学伦理，那就是只有那些能够被验证的假设才可以被认为是某种事关人类的事实。心理学也正一往无前地走在用科学方法为传统哲学中提出来的反思提供证实与证伪的路上。

2019 年 7 月 19 日，第六届世界积极心理学大会在澳大利亚墨尔本市国际会展中心开幕。人们用澳大利亚传统乐器演奏着悠扬的旋律，欢迎来自世界各地的 1 500 名积极心理学家。在开幕式上，塞利格曼教授进行了主旨发言。他在发言中提到：在人类进化的历程中，有四次伟大的心智革命，积极心理学的发展恰好顺应了这第四次心智革命。

第一次革命大约发生在 3 000 多年前。这次革命让人类首次意识到自己的思想和智慧其实比力气和凶狠更有生存价值。

第二次革命大约发生在公元前 800 年至公元前 200 年之间。人类对世界的思考正式开始摆脱神的旨意而经由理性展开对世界与人性的全面理解。

第三次革命发生在 19 世纪初至 2000 年。这是一个科学与知识大规模发展的时代，覆盖了各个知识领域，如自然科学、社会科学、哲学、伦理学、文学、教育学等。它强调不受束缚、不加批判地使用理性，勇于质疑权威与传统教条，朝个人主义发展，强调人类的进步观念，促进了资本主义和社会主义的发展。这一次革命的成就是巨大的：近 200 年之间，人类赤贫人口的比例大幅下降，识字率上升，女性选举权得到发展，现代科技还让人类的死亡率下降、寿命延长、工作效率提高、福利得以改善。

第四次革命正在进行中。20 世纪 90 年代冷战结束后，人类的生存环境得到了很大的改善，但是物质生活的改变并没有改善人类的心理状况。抑郁症、焦虑症以及愤怒、自杀等的发生概率依然很高。因此，改善人类的心理体验已经成为世界人民的共识——联合国宣布每年的 3 月 20 日为“国际幸福日”就是为了呼吁世界各国政府和人民关注人类的心理健康和幸福生活。

在《历史的起源与目标》（*Vom Ursprung und Ziel der Geschichte*）一书中，德国思想家卡尔 · 雅斯贝斯（Karl Jaspers）第一次将公元前 800 年至公元前 200 年之间，尤其是公元前 600 年至公元前 300 年之间，在北纬 25 度至 35 度区间所发生的人类精神文明的重大突破称为“轴心时代”。那一时期，在古希腊有苏格拉底、柏拉图，在古代以色列有犹太教的先知们，在古印度有释迦牟尼，在中国有孔子、老子……他们提出的思想原则塑造了不同的文化传统，并一直影响着人类的生活。那个时期，也就是塞利格曼认为第二次心智革命发生的时期。

塞利格曼还认为，第四次心智革命正在发生的现在，或许即将进入人类精神文明的第二个轴心时代。这第二个轴心时代与第一个轴心时代的区别主要体现在人类心理需求的三大变化上：从减轻痛苦到创造幸福，从自我主义到集体主义，从过去导向到未来导向。而积极心理学在很大程度上可以为这第二个轴心时代提供理论指导。

塞利格曼让身在中国的积极心理学同行们坚定地相信：积极心理学并不是横空而来的，它是人类文明进步的选择，是科学发展的前沿学科，也有助于增强人类命运共同体意识。我们的先辈们已经在第一个轴心时代引领了世界，处于第二个轴心时代的我们也应不甘人后，大步向前！

伟大的人之所以伟大，是因为他能够开创一项伟大的事业。塞利格曼对人类第二个轴心时代的憧憬，正是推动人类从思想启蒙向积极的科学心理启蒙的宣言，成为感召新人类的铿锵的倡议书！

这也许就是“塞利格曼幸福经典”系列图书出版的真正意义：让我们一起走向人类第二个伟大的轴心时代。这一次，参与者是全人类。

2020 年 8 月

清华大学双清苑

推荐序 2

幸福可以学来，幸福可以到永远

任俊　博士
浙江师范大学心理学系教授
国际积极心理学学会理事

当代心理巨匠

1964 年，他是宾夕法尼亚大学心理学系的一名博士研究生，在一次失败的动物行为实验中，他发现并证明了心理“习得性无助”的存在，从而轰动了整个心理学界。

1976 年，他被破格晋升为宾夕法尼亚大学心理学系教授，后来，随着无助感研究的深入，他发现“乐观”这种优秀的性格品质，也可以通过后天的学习而得，研究方向也逐渐开始从悲观转向乐观。

1998 年，他以史上最高票当选美国心理协会主席。他一针见血地点破了当代心理学发展的弊病，指出心理学不应该只研究人类的弱点和问题，而应该同时关注人类的美德和优势。他大力提倡建立一门研究积极的心理的科学——积极心理学，并为这门新学科奠定了结构体系，他是全世界公认的“积极心理学之父”。

到目前为止，他已经出版了 21 本书，发表了 218 篇关于人类动机和人格等方面的文章。

他的名字是——马丁 · 塞利格曼。

幸福几代人的书

我一直期盼着有一天能把塞利格曼的著作介绍到中国，而这一天终于来了！把塞利格曼的著作引入中国不仅意味着中国积极心理学的发展，同时也意味着我们又多了些获得灵感和激励的机会。不管我们是因何种动机来阅读塞利格曼的著作的，有一点非常清楚，那就是保持一个积极健康的心态对于我们的事业和成长都极为重要，而塞利格曼的著作恰恰能帮助我们做到这一点。

阅读大师的著作，尤其是阅读心理学大师的著作应该成为我们人生经历的一个重要组成部分，它应该被珍惜。尽管有时候我们可能并不能完全理解大师的全部思想，但过去众多的事实证明，这种经历是最有价值的经历。当你阅读完塞利格曼的这套书后，你一定会发现，自己在这个过程中获得了最有意义的收获和成长。当然，这种收获并不仅仅限于知识，更重要的是做人和生活。

除了引人注目的学术成就，塞利格曼博士还特别擅长将深奥的心理学研究与大众的日常生活融合在一起，无论是演讲还是写专栏，他都能信手拈来且生动有趣，深受听众或读者的喜爱。他的文笔优美生动，是美国著名的畅销书作者。

《真实的幸福》——让你充满能量

这本书以一种通俗而不失科学严谨的方式告诉人们，什么是真正的幸福，怎样才能变得更幸福。其实，真正的幸福来源于你对自身所拥有的优势的辨别和运用，来源于你对生活意义的理解和追求，它是可控的。如果你想变得更幸福一些，不妨照着塞利格曼博士的建议来试试：改变对过去的消极看法，重视当下的积极体验以及对未来的积极期望。

《活出最乐观的自己》——教你永远乐观

塞利格曼博士用大量令人信服的实验和调查证据告诉人们：乐观的人能在逆境中更好地成长，也更容易走上一条绝妙无比的成功之路！不过，如果你天生是一名悲观主义者，你也不用沮丧，因为书中肯定地指出：乐观是一种可以掌握的技巧！如果需要的话，你可以运用塞利格曼博士推荐的一种有效方法来改变自己悲观的生活态度，这种方法就是学习乐观的 ABCDE 技术。

《认识自己，接纳自己》——做出最明智的改变

也许会颠覆你以往的一些深以为是的观点，比如从长远来看，节食实际上并不能减肥；又比如对于酗酒，目前除了让它自然恢复之外还没有其他更有用的方法来改变这种状态等。你从这本书中可以清楚地知道自己哪些方面是可以改变的，而哪些方面却无法改变，是自己必须接受的。塞利格曼博士从改变的可能性和生物局限性出发，帮助你把有限的时间和精力集中在那些能够改变的特性上，并在此基础上找到一条自我提升的最有效途径。

《教出乐观的孩子》——塑造孩子的幸福

对为人父母的读者来说，这可谓是一本实用指南。在这本书里，塞利格曼博士用他亲身的实践和经历，为家长们提供了一条培养孩子积极品质的捷径。看了这本书，你会成为好爸爸好妈妈，比如当你的孩子犯错的时候，对他的批评应该恰如其分，要让孩子明白自己错在哪里；当你的孩子有了某种问题而需要改变时，不要把这些问题夸大成为一种永久性的问题。因为，批

评和改变都是一种技术，它们有自己的规律和特点，不当的批评很可能会影响孩子成年后的人格特征——悲观或是乐观。

最后，祝愿所有读者都能拥有真正幸福的生活，而这也正是塞利格曼博士为之奋斗一生的事业！

2010 年秋

积极心理学：增加幸福，而不是减少痛苦

过去的 50 年，心理学只关心一件事——心理疾病，而且做得不错，因为现在我们可以对抑郁症、精神分裂症、酗酒等过去认识很模糊的心理疾病进行测量，并能做出相当精准的判断。目前我们已经知道这些问题是怎么发展出来的，包括它们的遗传因子、生物化学性以及心理成因，最重要的是我们知道该怎么去治疗这些疾病。根据我最近的统计，在几十种心理疾病中，已经有 14 种可以用药物及心理治疗方法来进行有效医治（两种可以完全治愈）。

但是这种进步的代价很高：为了摆脱处在各种问题中的状态，我们会变得更痛苦，甚至还不如以前。人不只是要改正错误或缺点，还希望找到自己的优势和生活的意义。人都不愿意糊里糊涂过一生。你可能会像我一样，午夜梦回，躺在床上想自己的生活是如何越变越幸福，而不是一天天减少痛苦。假如你真像我一样，你可能会对心理学有点失望。但是现在，它终于走到了解积极情绪，建构优势和美德（strength and virtue），为亚里士多德所谓的“美好人生”提供指引的时候了。

然而许多科学证据却显示，你似乎很难改变自己的幸福感。每一个人有他固定的幸福范围，就像我们的体重，减肥的人几乎终究会胖回来，没有幸福感的人不会感到长久的幸福，而有幸福感的人也不会感到长久的不幸。

不过，新的研究显示，幸福感可以持久。积极心理学会告诉你如何达到最大限度的幸福，本书的第一部分就是讨论积极心理学将如何增进你的幸福。

这种研究的困难之一是，它必须面对幸福感不能持续的所谓科学理论；另一个更难克服的障碍则是，很多人认为幸福感不是真实的，甚至更多的人认为人类的积极动机是不存在的。我把这个在许多文化中都有的人性观叫作“根都烂掉”（rotten to the core）的教条，假如这本书要推翻某个教条的话，那就是它了！

“原罪”是这种教条最古老的显现。这种想法在我们民主的、非宗教的现代社会中仍然存在。弗洛伊德把这个教条带进了 20 世纪，把所有的文明（包括道德、科学、宗教及科技进步）都定义成对抗童年性欲及攻击本能的防卫机制。我们压抑这些冲突，因为它会引起我们太多的焦虑，尽管这种焦虑会转化成启动文明的动力。我现在为什么坐在电脑前面写这篇序言而不是跑到街上去放火、杀人，主要是因为我已经被“补偿”了，我已把自己包裹起来，很成功地打败了心底的冲动。弗洛伊德的理论虽然看起来是如此荒谬，但它却成功地进入了日常的心理治疗和精神治疗过程中，患者努力寻找过去的消极冲动和创伤性事件来解释自己今天的人格。计算机业巨子比尔 · 盖茨为什么这么争强好胜，是因为他潜意识中要赢过他的老爸；已故英国王妃戴安娜致力于地雷清除运动，主要是源于她潜意识中对查尔斯王子及其他王室成员的仇恨。

这个“根都烂掉”的教条同时也遍布艺术和社会科学中，影响这些学科对人性的看法。随便举个例子（这只是几千个例子中的一个），当代著名的政治学家多丽丝 · 卡恩斯 · 古德温（Doris Kearns Goodwin）写过一本有关美国总统罗斯福和夫人埃莉诺·罗斯福（Eleanor Roosevelt）的传记，当她谈到为什么埃莉诺为穷人、残障者或黑人服务奉献一生时，她认为这是种“补偿作用”——补偿埃莉诺母亲的自恋及父亲的酗酒。古德温从不考虑埃莉诺可能真心想为不幸的人做些事，是在追求人性的至善。在古德温的思想中，诸如公平和敬业之类的动机一开始便被排除在外，任何好事的内在，一定隐藏着消极动机——如果你希望自己的分析有学术地位的话。

我不得不强烈地批驳：虽然“根都烂掉”的教条在宗教界和世俗社会被广泛接纳，但事实上并没有任何一丝证据能证明优势和美德来自消极的动机。我认为进化包含好的与坏的人格特质，道德、合作、无私和善良的特质能被保留下来，就像谋杀、偷窃、自私和恐怖行为也继续存在一样。这种两面性是本书第二和第三部分的重点：真实的幸福来自找出并培养你最突出的优势，并且在每天的工作、休闲、亲子游戏中运用它。

积极心理学有三大基石：第一是研究积极情绪；第二是研究积极特质，其中最主要的是优势和美德，当然，能力也很重要，如智慧和运动技能等；第三是研究积极组织系统，例如民主的社会、团结的家庭以及言论自由等，这些是美德的保障条件，美德进而又能增强积极的情绪体验。自信、希望和信任等积极情绪不只在顺境中帮助我们，在经济低迷、命运坎坷时对我们同样有益。在战争或动乱时，对积极组织或机构的了解和信心非常重要，而能够体会并发挥优势与美德，例如，勇气、希望、正直、公平、忠诚，甚至比和平时更为急迫。

自从 2001 年“9·11”恐怖袭击事件之后，我更关心积极心理学了。在动乱的时候，了解减轻痛苦的方法就会增加幸福感吗？我想不会。一个什么都失去了的、抑郁的或想要自杀的人，在意的不仅仅是解除痛苦而已，他们更需要美德、生命目的、正直及生命意义。引发积极的情绪体验会使消极情绪快速消失。在本书中你将看到，优势和美德会帮助我们抵挡不幸的心理疾病，像防震保护层似的使我们不受伤害，甚至成为重新崛起的关键。好的心理治疗不仅能疗伤，还要能帮助人们发现并培育自己的优势和美德。

所以积极心理学很严肃地看待美好的未来，假如你发现自己山穷水尽、一筹莫展、万念俱灰，请不要放弃。天无绝人之路，积极心理学将带你经过优美的乡间，进入优势和美德的高原，最后到达持久性自我实现的高峰——生命意义和生命目的。

第一部分

什么是幸福

Authentic Happiness

Using the New Positive Psychology
to Realize Your Potential for Lasting Fulfillment

第 1 章
为什么要幸福

真正的幸福来自建立并发挥自己的优势，
而非花时间改正自己的弱点。

我们的困惑	1. 真实的幸福来自哪里？ 2. 我的幸福指数是多少？我跟别人比，拥有的幸福感是更多还是更少？

1932 年，欧潘在密尔沃基宣誓成为修女，她在圣母修道院宣誓，决心把自己的一生奉献给幼儿教育。她在简短的自传中写道：

> 感谢上帝赐予我无价的美德。过去一年在圣母修道院的日子非常愉快，我很开心地期待正式成为修道院的一员，与慈爱的天主一起开始新生活。

在同一年，同一座城市，发同样愿的丹那莉则在她的自传中写道：

> 我出生于 1909 年 9 月 26 日，是家里七个孩子中的老大……在修道院见习的一年中，我教授化学和二年级拉丁语。承蒙上帝恩宠，我愿倾心尽圣职，以宣扬教义，并完成自我修炼。

这两位修女以及另外 178 位修女，是一项最出色的关于幸福感和长寿研究的研究对象。

有幸福感的人更长寿吗

人可以活多长以及哪些情况会缩短或延长人的寿命，这是非常复杂的科学问题。例如，文献记载犹他州的人比邻近的内华达州的人长寿。为什么呢？是因为犹他州的空气比较清新，而赌城拉斯维加斯的空气太污浊？还是因为摩门教教徒的生活比较严谨，而内华达州人的生活太放纵？或者是因为内华达州人不健康的饮食习惯——吃垃圾食物、吃夜宵、酗酒、喝咖啡、吸烟等造成他们比吃新鲜的食物、禁烟、禁酒、禁咖啡的犹他州人短寿？有太多的混淆变量使科学家无法分析出真正的原因。

与以上情况不同的是，修女们过着有规律的、与世隔绝的生活，与内华达州人的生活大不相同，甚至跟犹他州人的生活也不同。这些修女吃同样的食物，不抽烟也不喝酒；她们有相似的生育和婚姻史，都没有得过性病，拥有相同的社会地位和医疗条件。所以上述的混淆变量在此都被剔除，但是这些修女的寿命和健康情况仍然有很大的差别。欧潘 98 岁时，仍然很健康，几乎从来没有生过病；相反，丹那莉在 59 岁时中风，不久就过世了。我们可以确定，修女的生活形态、饮食和医疗条件都不是丹那莉早死的原因。当这 180 位修女的自传被拿出来研读时，一个惊人差异显现了出来。现在让我们回头来看欧潘和丹那莉在自传中的描述，你能看出它们的差异吗？

欧潘修女用了“非常愉快”“很开心地期待”这两个表达幸福感的积极字眼；相反，丹那莉修女的自传中找不到一丝积极的气息。在请对这些修女的寿命毫不知情的人，针对自传中所传达出的积极感受做评分时，发现落在有幸福感端的修女 90% 年过 85 岁仍然活着，落在没幸福感端的修女只有 34% 仍然在世；同样，落在有幸福感端的修女到 94 岁时仍有 34% 的人在世，而没幸福感端的修女只有 11% 仍然在世。

以上差异真的来自她们自传中所传递出的幸福感的不同吗？这种差异也许是因为她们表达幸福感的程度、对未来期盼的程度、虔诚奉献的程度，甚至是自传写得好坏程度等变量引起的，但是研究发现这些变量都不相关，唯一相关的是她们在自传中所表达出的幸福感的强烈程度。看起来，一个幸福的修女也会是一个长命的修女。

爱笑的女人更幸福

大学毕业纪念册也是研究积极心理学的金矿，摄影师会叫你“看着镜头、微笑”，于是你尽可能地展示出最好的微笑，结果发现应他人要求而微笑，说起来容易做起来难，有些人可以笑得很灿烂，有些人只是礼貌性地动一下嘴角。微笑有两种：一种叫作“杜乡的微笑”（Duchenne smile），这一命名是用来纪念发现它的法国人杜乡（Guillaume Duchenne），这种微笑指的是发自内心的微笑，你的嘴角上扬，眼尾鱼纹出现，而牵动这些地方的肌肉非常难以用意志加以控制；另一种微笑叫作“官夫人剪彩的微笑”（Pan American smile），这种微笑不是发自内心的，没有杜乡微笑的特点，与其说是快乐，倒不如说是低等灵长类动物受到惊吓时的表情，也就是中国人所谓的“皮笑肉不笑”。

有经验的、受过训练的心理学家可以很快区分出杜乡微笑和非杜乡微笑。加州大学伯克利分校的克特纳和哈克研究了密尔斯学院（Mills College）1960 年毕业照上的 141 个女生，里面除了三名女生，其余都是微笑的，而在这些微笑中，有一半是杜乡微笑。研究者分别在这些女生 27 岁、43 岁以及 52 岁时访问她们，询问她们的婚姻状况，对生命的满意程度等。当哈克和克特纳在 1990 年接手这个研究时，他们很怀疑能否从毕业照中预测出这些人的婚姻生活。结果他们惊讶地发现，拥有杜乡微笑的女生一般来说更可能结婚，并能长期维持婚姻，在以后的 30 年中也过得比较如意。原来，人的幸福与否竟然能从微笑的鱼尾纹中预测出来。

哈克和克特纳曾质疑他们所得到的结果，思考是否拥有杜乡微笑的人本来就比较漂亮，是她们的美貌而不是真诚的微笑预测了她们未来生活的幸福度。所以这两位研究者又回头去做美貌的评估，结果发现美貌跟婚姻是否美满、生命是否完美无关，一个真诚微笑的女人就会拥有美满的婚姻、幸福的生活。

积极心理学中的幸福

以上两项研究都很令人惊奇，因为它们的结果都显示，传记中所传达出的积极情绪与照片中的微笑竟然可以预测寿命长短和婚姻幸福与否。本书的第一部分就是有关幸福的论述：快乐、心流体验、愉悦、满足、真诚、希望及狂喜。在此，我特别提出三个问题。

- 进化为什么要赋予我们幸福感？幸福感除了令我们感觉良好外，其他的功能和意义是什么？
- 谁会有更多的幸福感，而谁没有？幸福感是怎么产生的，又是什么使它消失？
- 你如何在生活中建立一种持久的幸福感？

每个人都想知道这些问题的答案，也很自然地会求助于心理学，但你会很惊讶地发现：心理学完全忽略了生命的积极层面。在学术期刊的论文中，如果有 100 篇是关于抑郁、悲伤的论文，那么只有一篇会谈到幸福。本书的目标之一就是为上述三个问题提供有科学根据的答案，不幸的是，我们对如何获得幸福的知识所知甚少，完全不像对抑郁症，我们已经有了解除抑郁的操作手册。所以，在有些主题上，我可以提供确凿的科学证据；而在有些主题上，我只能从最新的研究去推论，建议你该如何引导自己的生活。但不管怎样，我会很清楚地告诉你，什么是已知的，什么是我的推论。在下面的三章中，你会发现，我最终的目的是要校正心理学过去的不平衡，利用过去辛苦累积的有关心理问题与痛苦的知识，带出更多关于幸福以及个人优势和美德的知识。

幸福与不幸福的交织

优势和美德是怎么产生的？为什么一本有关幸福的书谈别的内容比谈“幸福学”（happiology 或 hedonics）更多？幸福学家希望生活中幸福的时光越多越好，不幸福的时光越少越好，简单的幸福理论是这样的：生活的品质等于幸福的时光减去不幸福的时光。幸福学不仅仅是一种象牙塔内的理论，许多人就是以这种方式经营自己的生活的。但我认为这是一种幻觉，因为所有时光的感觉加起来，跟我们判断某一事件的好坏，譬如一场电影、一次度假、一段婚姻生活甚至整个生命是有很大差别的。

普林斯顿大学经济学教授丹尼尔 · 卡尼曼是世界上研究幸福学的顶尖人物。他用来验证幸福理论的仪器之一是大肠镜：大肠镜插入直肠后上下移动所造成的不舒服的时间虽然只有几分钟，但患者却觉得很漫长。在卡尼曼的一次实验中，682 名患者被随机分配进行常规的大肠镜检查，或是在结束前延长一分钟镜头不上下移动，保持静止状态的检查。大肠镜静止时不会像动的时候那么让人不舒服，因此后一个实验组的患者在最后一分钟感觉稍微舒服些。整个检查过程延长了一分钟，实验组患者痛苦的时间实际比另一组患者长，但因为实验组最后经历的是还过得去的感受，所以实验组患者对整个事件的感觉比较积极。他们比控制组更愿意再次接受这种检查。

在生活中，我们应该特别注意处理好恋爱分手时的情况，因为这个分手的场景会一直留在你的记忆中，只有处理得好，你才会愿意再次开始亲密关系。本书将讨论为什么要幸福、学会失败以及这对我们的意义。积极心理学是幸福和不幸福的时光所交织出的纹理，以及此间显示出来的优势及美德，这些决定了我们的生活品质。出生在维也纳的大哲学家维特根斯坦从各方面来看都是一个没有幸福感的人，我是维特根斯坦迷，收集了很多有关维特根斯坦的东西，我从来没有看到过一张他微笑的照片（无论是杜乡式的，还是皮笑肉不笑的）。维特根斯坦是个抑郁的人，脾气暴躁易怒，对周遭的人非常刻薄，不过，他对自己更苛刻。当他在英国剑桥既没有暖气也几乎没有家具的家中举行例行研讨会时，他会来回踱方步，嘴里喃喃自语地说："维特根斯坦，维特根斯坦，你是多么差劲的老师啊。"但是当他独自一人躺在床上，即将死去时，最后的遗言竟是跟他的房东妻子说："告诉他们，我对我的一生很满意，没有遗憾。"

来自优势与美德的幸福

假设你可以装一个"经验体验性机器"（experience machine），一生中只要你喜欢时，它就可以刺激你的大脑并带给你幸福感。我问过很多人，他们是否想使用这种机器，他们的回答都是不想。因为我们要的不是暂时的幸福感，真正的幸福感必须来自自己的努力。然而，人类发现了许多捷径去取得短暂性的感官愉悦：毒品、巧克力、肉欲、购物、手淫以及电视等。但我并不是说你应该戒掉所有的捷径。

我们误以为自己可以通过这些捷径获得幸福、愉悦、舒适、狂喜，但实际上，这些捷径无法带给我们真正的幸福，所以许多人虽然坐拥亿万家财，但心灵一片空虚。没有意义的寻欢只会带来更大的空虚、更多的虚伪，使你沮丧，当年老时才意识到自己虚度了一生。

幸福感来自自己的优势与美德，通过自己努力获得的幸福才会有真正的幸福感受。当我在宾夕法尼亚大学讲授积极心理学这门课时，我发现了优势和美德的价值。我告诉学生们乔纳森·海特（Jonathan Haidt）[①] 的故事：他是弗吉尼亚州一位年轻有为的教授，以给人们吃油炸蟋蟀的方式研究厌恶的情绪，后来他转向研究道德厌恶（moral disgust）。他给被试穿上一件 T 恤衫，告诉他这是希特勒穿过的，然后观察被试的表情。当他研究过很多消极情绪，弄得自己都快要受不了时，又转而研究跟道德厌恶相反的情绪，他把这种情绪叫作升华（elevation）。他收集了很多体现人性美好的故事，故事反映出当事人的情绪。一个 18 岁的弗吉尼亚大学新生说了一则关于升华的典型故事。

> 一个下雪的晚上，我们从救世军（Salvation Army，美国著名的慈善机构）做完事回家时，在路上看到一位老妇人在铲雪。我们中有个人请司机放他下车，我以为他要抄近路回家，但当我看到他拿起圆铲帮老妇人铲雪时，我感到喉头紧缩，如鲠在喉，我感动得掉下眼泪。我想把这件事告诉每个人，这个男生在我心中是那样美好。

我班上的学生想知道做好事是否比找乐子（感官愉悦）更容易得到幸福感。激烈辩论的结果是，每个人回家做个比较，在下堂课之前，分别去做一件好事和一件可以带来幸福感的事，然后把这两件事写成报告交上来。

这份作业竟然改变了他们对生命的态度。做一件带来一时感官愉悦的事（如与朋友一起闲聊、看电影或吃巧克力圣代）与做好事的感觉相比，黯然失色，当我们很自然地去帮助别人时，一天都会过得很幸福。有一位大三的学生说：

> 我侄子打电话问我小学三年级的数学问题，我帮他分析解答。我很惊讶地发现，在那天随后的时间里，我很愿意听别人诉说，愿

① 海特是积极心理学的先锋派领袖，是全球百大思想家，也是道德心理学的革命者。在《正义之心》中，他从道德的社会直觉模型讲到道德的 6 个基础，又阐述了我们具有群体归属性的正义之心。该书中文简体字版已于 2014 年由湛庐文化引进、浙江人民出版社出版。——编者注

意了解对方想要表达的意思，而且态度温和了许多，别人也比平常更喜欢我。

使你更幸福的特质

做好事会产生幸福感，这不同于一般的感官愉悦，当你用你的能力和优势去应对一项挑战并圆满完成时，你会有幸福感。做好事并不仅仅是一种暂时的积极情绪体验，它是完全投入的、完全忘我的体验。在那一刻，时间静止了。一位商学院的学生说，他来宾夕法尼亚大学读书的目的是想赚很多钱，使自己幸福，但是他发现自己宁可花时间帮助别人，也不愿拿同样的时间去逛街买东西，因为前者带给他的幸福感更多。

要了解这种幸福感，我们就必须了解每个人的优势及美德，这是本书第二部分的主题。当我们运用自己的优势及美德时，我们会感觉良好，我们的生活会充满了“真实性”。感觉是暂时的，它不是人格特质的一部分。人格特质有积极和消极之分，它在不同的时间、不同的场合会反复出现。优势和美德是积极的人格特质，它会带来积极的感受和满足感。

乐观的人格特质可以解释为什么对修女们的某些观察可以预测她们能活多久。乐观的人倾向于把目前的困难解释成暂时性的、自己有主控权的，以及只有在这个情境下才会如此的；相反，悲观的人则认为他的困难一辈子也逃不掉，倒霉事一桩接一桩，而且是自己无法操控的。罗切斯特市梅奥医学中心的科学家研究了 839 位患者的心理状态，观察乐观是否可以预测长寿。梅奥医学中心是美国非常有名的医疗机构，这里的患者在看病前需要接受心理测验及身体检查，其中有一项内容就是乐观测验。40 年前科学家们就开始了这项研究，到 2000 年，已有 200 位患者去世，通过比较发现，乐观的人比悲观的人长寿 19%，这个数字正好与有幸福感的修女的数字相差不远。

乐观只是二十几个使你更幸福的特质之一。哈佛大学的乔治·范伦特（George Vaillant）教授进行了两项长期追踪研究，其研究的主题被称为“成熟防御”（mature defenses），包括利他行为、延迟满足的能力、对未来充满期望以及幽默感等。在研究中发现，有些人一直没长大，一直都没有这些“成熟”的人格特质，而其他人则随着年龄的增加而越来越显现出这些特质。范伦特教授的两组被试分别是哈佛大学 1939—1944 年的毕业生和 456 名波士顿市中心的居民，这项研究开始于 20 世纪 30 年代末，被试为平均十几或二十岁的年轻人，到现在已是八十多岁的老人了。范伦特教授发现对能否成功进入老年期最好的预测因素为收入、身体健康状况与生活乐趣；而“成熟防御”则与生活富有乐趣、高收入及老年时生命力旺盛有显著相关。这一研究结果在第一组主要为白人、信奉新教的哈佛大学学生，以及第二组背景复杂的市中心居民间并没有太大差异。76 名年轻时常显示出“成熟防御”特质的市中心居民中，有 95% 到现在还可以搬笨重的家具、砍木柴，甚至走几公里路、爬两层楼还脸不红、气不喘；而 68 名从来没有显现出这些心理特质的市中心居民中，只有 53% 可以做同样的事。对哈佛毕业生而言，预测 75 岁时能否享受到生活乐趣、婚姻幸福以及身体健康的最好方式，便是他们在中年时期所显示出来的“成熟防御”特质的强度。

积极心理学最关注的特质

积极心理学是如何从无数的人格特质中，挑选出 24 项特质为指标的呢？在 1936 年，有人做过统计，英文词汇中有 18 000 个描绘人格特质的词，而选择哪些特质做研究，对当时著名的心理学家和精神医师来说是件严肃的大事，这些人想创造出与《精神障碍诊断与统计手册》相对的系统。勇气、仁慈、创造性当然应该包括在里面，那么聪明、良好的音感或准时能包括进来吗？最后决定采用以下三个选择标准：

- 必须具有跨文化价值。

- 必须本身就有价值，而不是为了达到其他目的的手段。
- 必须是可以培育的。

聪明和良好的音感被剔除了，因为它们是不可学习的；准时虽然是可以训练的，但它是达到另一个目的的手段（如效率），而且也不是每一种文化都很重视。

虽然心理学可能会忽略美德，但宗教和哲学不会。几千年来，不同文化所推崇的价值观其实都很相似，例如孔子、亚里士多德、托马斯·阿奎那、日本的武士道、《天神之歌》（*Bhagarad-Gita*）[①] 等，虽然各有不同，但是都包括以下六项基本的美德：

- 智慧和知识。
- 勇气。
- 仁爱。
- 正义。
- 节制。
- 精神卓越。

每一种美德又可以再细分。例如智慧可以分为好奇心、学习动机、判断力、原创力、社会认知，以及能够从各种角度来看问题；仁爱又包括仁慈、慷慨、教养以及爱与被爱的能力。几千年来不同文化和哲学所归纳出来的美德，都被积极心理学用来作为标准。

上述美德不但是繁荣年代的行为标准，更是危难时代帮助我们渡过难关的工具。事实上，“疾风知劲草，板荡识诚臣”，灾难中更可以看出一个人的品德。一直到最近，我都以为积极心理学是繁盛时代的产物。我以为国家在打仗、贫穷、社会动乱时，人们最关心的是防御和损失，因此所关注的应

① 公元前 2 世纪梵文的诗歌，直译为 Sony of the Lord，是世界著名的宗教文献。——译者注

该是如何修补被破坏的东西；而在国家太平、富足、社会和谐时，人们才会想要建造最好的东西。比如意大利望族，洛伦佐 · 德 · 美第奇（Lorenzu de Medici）在其掌权的繁荣时期，决定把税收投到艺术文化上，而不是用于武力竞争，因此造就了佛罗伦萨这个美丽的文化城市。

有挑战，有幸福

大多数心理学研究的主题，如内向、智商、抑郁、愤怒等，都是在没有来自真实世界的挑战的情况下进行的，是一种静止状态。心理学希望能预测一个人在面对动态挑战时会怎么反应，高智商可以预测出一个人面对拒绝时能否机智地回答吗？静态的抑郁症诊断能否预测一个人在失业时会不会崩溃？一般来说是可以预测的，但效果不是那么好。心理学可以预测很多种情形，但是当人们面对生命的挑战而必须做出有智慧的反应时，许多高智商的人失败了，而许多低智商的人却成功了。这些预测错误的产生，是因为静态的测量并不能很好地预测出动态的反应，我把这种预测缺陷称为杜鲁门效应（Harry Truman effect），因为杜鲁门一生并不怎么杰出，却能在罗斯福总统死后一跃成为美国最伟大的总统之一，这令许多人大跌眼镜。

我们需要一种心理学来解释这些人为何能够成功，这是过去心理学预测人的行为中缺乏的项目，就好像拼图少了一块。在进化过程中，赢得异性伴侣或逃过猎食者攻击而存活下来的人类祖先，在这些方面是成功的，因此才可能把他的基因传下来。他们静态的人格特质——抑郁程度、睡眠习惯、腰围大小可能并不重要，除非这些特质显现出杜鲁门效应；也就是说，我们身体中都有遗传自远古的优势，只是我们还不知道，要等到被挑战时才会显现出来。为什么参加过第二次世界大战的一代人被称为“最伟大的一代”？这并不是因为他们天生有什么不同，而是因为他们生存的动乱时代将他们体内源自古代祖先的生存优势激发了出来。

当你在第 8 章和第 9 章读到这类优势时，会发现自己的优势有一些是静态的、有一些是动态的，如仁慈、好奇、忠诚、信仰是静态的，你一天可能展示出这些优势几十次。而毅力、远见、公平、勇气则更可能是动态的，你不可能在超市排队付钱时展现你的勇气，或是坐在飞机上时表现它，除非遇到恐怖分子劫机，一生中有一次动态的行为就足以让人知道你有勇气了。

在读到这些优势时，你会发现有些是你基本的人格特质，有些不是。我们将前者称作**突出优势**（signature strength），本书的目的之一就是要将它们与不是你的优势的特质区分开来。我不认为你应该花太多时间去改正自己的弱点；相反，我认为生命最大的成功在于建立及发挥你的优势，所以本书的第二部分专注于如何找出你突出的优势。

测一测你的幸福指数，开启美好人生

本书的第三部分讨论什么是美好的人生。你也许觉得很容易就可以实现，喝香槟、开名牌跑车是愉悦的生活（pleasant life），但不是美好的生活，美好的生活是每一天都用你的优势去创造真实的幸福和丰富的满足感，这是你在生活的每一个层面——工作、爱情、教养孩子等，都可以学着做到的。

我的一个突出的优势是热爱学习，为了教学，我把学习融入了生活，每天都学一些新东西。将复杂的观念简化后教给我的学生或教自己八岁的孩子在打桥牌时如何叫牌，都会使我发自内心地快乐。当我教得很好时，我会感觉良好，这种感觉能鼓舞我、给予我活力，带给我真实的幸福感，因为它来自我最擅长的方面。相反，协调、组织、沟通并不是我的专长，不过我有幸接受过良师的教导，所以当需要时，我可以有效地组织一个委员会，但是当事情结束后，我会觉得身心俱疲、元气大伤。我从做委员会主席中获得的满足感远比我从教学中得到的少，从中所获得的幸福也不是那么真实。

利用你自己的优势所获得的幸福感是建立在真实基础上的，就像幸福需要建立在优势和美德之上一样，优势和美德也必须建立在一个更重大的事物上面；就像美好的生活会超越愉悦的生活一样，有意义的生活则会超越美好的生活。

那么，积极心理学告诉我们怎样去寻找生命的目的了吗？它告诉我们如何超越美好的生活，实现有意义的生活了吗？我并没有大胆到敢去提出一个关于生活意义的完整理论，但是我知道它包含了更大范围的东西，而且这个范围对你来说越大，你的生活越有意义。许多追求生命目的和意义的人会转向新世纪思潮（New Age Thinking）或宗教组织，渴望神或神力的帮助。当代心理学只注重病态行为的研究，这造成了一个看不见的代价——使得这些心灵空虚的朝圣者陷入一个进退两难的境界。

就像大多数人一样，我也渴求生命的意义，也想超越我自己选择的一些随意的生活目的，但和许多具有科学思想的西方人一样，我认为超越上天赐予的生命目的是个站不住脚的说法。积极心理学指出一条可以实现高远目的和生命意义的可靠道路，而且更令人惊异的是，它可以帮我们到达一个不迷信的境界，这些在最后一章会讨论到。

在你开始本书的正文之前，请做一下“自我幸福感测试”，这个量表是福代斯（Michael W. Fordyce）发展出来的，目前已有几万人用过，你可以用以下问卷做测验，或是上网填答（www.authentichappiness.org）。上网的好处是它可以追踪你快乐指数的变化，也可以提供与别人相比较时你的快乐程度。这个比较是以年龄、性别、教育程度来分类的。当然，在做这种比较时，请一定要记住：幸福不是竞争，真实的幸福来自提升你的精神层次，而不是与别人相比。

有一个问题可能在你读这本书时一直出现——究竟什么是幸福？定义幸福的字句比定义任何一个哲学问题的都多，幸福是被误用、滥用最多的词之一。我不想再添加我的定义，在本书中，我很小心地使用幸福，我所关心的是幸福的成分——积极的情绪及优势，然后告诉你科学上的发现是什么，你如何可以增加幸福感。

福代斯幸福测试

你觉得有多幸福或有多不幸福？请选出下面最能描述你幸福程度的句子。

______ 10 非常幸福（觉得狂喜）

______ 9 很幸福（觉得心旷神怡）

______ 8 幸福（情绪高昂、感觉良好）

______ 7 中度幸福（觉得还不错、愉悦）

______ 6 有一点幸福（比一般人幸福一点）

______ 5 持平（不特别幸福也不特别不幸福）

______ 4 有一点不幸福（比持平低一点）

______ 3 中度不幸福（心情低落）

______ 2 不幸福（心情不好、提不起劲）

______ 1 很不幸福（抑郁、沉闷）

______ 0 非常不幸福（非常抑郁、心情跌入谷底）

请进一步考虑你的情绪，一般来说，你觉得幸福的时间所占的百分比是多少？有百分之多少的时间你觉得不幸福？有百分之多少的时间你觉得处于持平的情绪？尽可能写下你最准确的估计，在下面填上三个问题的百分比，请确定它们加起来等于 100%。

一般来说，

我觉得幸福的时间占______%；

我觉得不幸福的时间占______%；

我既不幸福也不觉得不幸福的时间占______%。

根据对3 050份美国成人的抽样统计，一般人幸福的指数是6.92（满分为10）；一般人觉得幸福的时间是54.13%，不幸福的时间是20.44%，持平的时间是25.43%。

塞利格曼的解答

Authentic Happiness

1. 真实的幸福源于发现自己的优势和美德，并在生活中充分发挥它们。
2. 我们可以通过福代斯幸福测试或其他类似的测试，知道自己有多幸福。

Using the New Positive Psychology
to Realize Your Potential for Lasting Fulfillment

第 2 章

幸福的心理学

积极心理学的核心是，
把人放对位置，
使他们能够发挥自己的优势。

我们的困惑	1. 在遭遇打击和挫折后，我很容易放弃希望，不再努力，这样的性格对我有什么影响？ 2. 有多大比例的人无论遭受多少次失败与不幸都不会放弃努力，又有多大比例的人在一次失败后就放弃了？ 3. 悲观的人和乐观的人在解释不幸和挫折时，有什么不同？

"你好，马丁，我知道你已经等得不耐烦了，结果是这样的……"

我听出这是多萝西·坎特（Dorothy Cantor）的声音，她是美国心理协会（American Psychological Association, APA）的主席。她是对的，我的确等得烦躁不安，因为他们在选下一届的主席，而我是候选人之一，我焦急地等待着结果，但是在怀俄明州的提顿，手机信号经常不太好。

"投票的结果怎么样？"我的岳父丹尼斯坐在汽车后座上，用浓重的英国口音问我。我几乎听不见他的声音，因为三个孩子在唱《悲惨世界》的主题曲。我咬着嘴唇，很有挫败感，是谁让我掉进了这个政治漩涡？我本是常春藤高校的教授，有充裕的研究经费、积极进取的研究生、设备齐全的实验室，我的书很畅销，我在学术领域占有一席之地，我的习得性无助（learned helplessness）和习得性乐观（learned optimism）研究声名远播，谁要去当 APA 的主席？

我的幸福之路

我要当主席。在等待电话再次响起的时候，我回想起作为心理学家的这 40 年的经历。突然间，我看到一个出身中产阶级、13 岁的胖胖的犹太男孩走进一所学校。这所学校的生源主要是阿尔巴尼市（纽约州政府所在地）新教徒家庭的小孩、非常有钱的犹太家庭的小孩和天主教运动员。在艾森豪威尔总统当政时，pre-SATs[①] 还没有出现，我通过考试进入阿尔巴尼私立学校。因为阿尔巴尼公立学校的学生一般无法进入好大学，我的父母虽然都是公务员，但也愿意从积蓄中拿出 600 美元来替我交学费。他们关于努力进好大学的观点是对的，但是他们完全不了解，我在阿尔巴尼私立学校的五年中被女生看不起的痛苦，更别说这些女生的母亲了，她们个个都是势利眼。我要变成什么样的人才能让那些女生对我有兴趣呢？或许我可以跟她们谈她们的问题，我相信没有任何一个男生肯听女生讲她们的不安全感、她们的梦魇以及她们的幻想，我试着扮演这样的角色，结果发现自己做得还不错。

突然，电话铃声打断了我的思绪。

“是的，多萝西，告诉我谁当选了？”

“投票没有……”一阵嘎嘎的电波声，信号又断了。“没有”听起来像是坏消息。

谁来安慰伤心的老兵

我的思绪又回到过去，我想象着在 1946 年华盛顿特区的情景，军队刚从欧洲和太平洋前线撤回，有的军人身体受了伤，有的则是情绪受了惊

① SAT 为美国著名的评价测验，是大学入学的参考标准，类似我国的大学入学考试；pre-SAT 是中学生的评价测验，相当于我国的高中会考。——译者注

吓，谁能治疗这些劳苦功高的美国退伍军人呢？没有他们的牺牲，哪有我们的自由？答案当然是精神科医生，这是他们的神圣任务。德国的克拉培林（Kraepelin）、法国的让内（Janet）、瑞士的布鲁勒（Bleuler）和奥地利的弗洛伊德，都是享有国际盛名的心理医生，专门修补受损的心灵。但美国却短缺精神科医生，因为精神科医生的训练时间很长（8 年以上）、学费昂贵，而且筛选非常严苛。不仅如此，精神科医生的诊疗费也非常贵，而且谁有时间一周五天躺在沙发上与医生聊天呢？心理治疗真的有效吗？可否训练相关人员来帮助治疗我们的退伍军人呢？为此，美国国会提出了一个问题："由心理学家来做这件事，怎么样？"

谁是心理学家？这些人在 1946 年以前以什么为生？第二次世界大战刚结束时，心理学只是一个很小的专业，大部分心理学家都在大学研究基本的学习过程、学习动机（他们研究的对象通常是小白鼠和大学二年级的学生）和知觉，他们的研究是纯科学的，不太关心自己所发现的学习基本原则是否可以应用到别的地方。

那些所谓做应用工作的心理学家面临着三项任务：**第一是治愈心理疾病，**不过那时大部分心理学家是做测验而不是治疗，治疗是留给精神科医生的；**第二是使普通人的生活更幸福、工作效率更高，自我更充实，**这些通常是在工厂、军队或学校中工作的心理学家；**第三是找出并培养有特殊才能的孩子。**

在 1944 年通过的美国《退伍军人权利法案》（*The Veterans Administration Act of 1944*）的促进下，美国出现了一批专门治疗问题退伍军人的心理学家。国会当时拨款训练了一批心理学硕士加入精神科医生的行列，开始治疗工作；不仅如此，许多人也开始治疗非退伍军人的普通老百姓，他们开始设立诊所并让保险公司支付诊疗费。25 年后，这些临床心理学家（又称为心理治疗师）比其他领域的心理学家总和还多，许多州甚至通过了法律，规定只有临床心理学家才可以被称为心理学家。APA 主席以前一向是由学术界的心理学家担任，现在传给了心理治疗师，因为他们人数众多。然而，学术界的心理学家对这些心理治疗师的名字却闻所未闻。心理学几乎与心理疾病治疗画上了等号。心理学本来的任务——使健康的人更幸福，生活更充实，已退居其次，治疗心理疾病几乎统领了心理学。

以小白鼠和大二学生为研究对象的学术心理学只进行了很短的一段时间，很快，心理学家将研究转向了有问题的人。1947 年，美国国会通过法令创立了国家心理健康研究所（National Institute of Mental Health, NIMH），并为其基础研究提供经费。由于 NIMH 的主任通常是由精神科医生担任，虽然它的名字是“心理健康”，但实际上它很快就变成了心理疾病研究所。从 1972 年拿到研究经费的课题名称就可以看出它的转向，这些课题都与心理疾病的原因和治疗有关。学术界的心理学家也开始放弃对小白鼠和大二学生的研究，转而研究心理疾病去了。我在 1968 年第一次申请课题时就已经感受到这种压力，但由于我的研究是要减少人们的痛苦，所以我发现要找到与心理疾病有关的研究并不困难。

想到这儿，我的妻子曼迪突然说：“我们可以开到黄石公园去，那里一定有公共电话。”孩子们在后座上唱得不亦乐乎，我调过车头往回开。

减轻痛苦是幸福的开始

1968 年，我在纽约州伊萨卡的康奈尔大学心理学系做助教，我当时只比学生大几岁而已。我在宾夕法尼亚大学读研究生时，跟史蒂夫·梅尔、布鲁斯·奥弗米埃尔共同发现了一个令人震惊的心理现象——习得性无助。我们发现，受到痛苦的电击却又无能为力的狗后来会放弃尝试，只是低低地哀鸣，被动地接受电击；即使后来很容易就能避开电击时，它们也不会去尝试避开。这项研究引起了学习心理学家们的注意，因为动物应该没有能力认识到自己的行为与结果之间的随机关系，进而认识到自己所做的事都是无关紧要的。当时流行的是行为主义学习理论：只有在行为（如按杆）得到强化（如食物）时，或者当行为不再得到强化时，学习才会发生。只有具备认知能力，个体才能认识到无论自己做什么都没有用，但当时的心理学家们认为动物没有认知能力，而且学习理论强调的是机械化的“刺激—反应—强化”（stimulus-response-reinforcement），完全排除思考、信仰和期待。行为主义理论认为动物不能了解复杂的偶发事件，无法对未来形成期待，也不能了解自己是无助的。习得性无助直接挑战了这一心理学领域的核心理论。

基于以上理由，我和同事们不仅对这个现象的戏剧性结果或动物令人惊讶的病态行为（动物像得了抑郁症）感兴趣，还想挑战这个现象背后的理论。我受这个现象背后的意义启发，开始研究人类的痛苦。其实早在当年做阿尔巴尼私立学校女生们的所谓“治疗师”伊始，我就开始研究心理问题了。我对学习理论的研究，只是我对心理问题的成因与治疗方式进行研究的一个中转站而已。

当我坐在农舍改装成的实验室里，在灰色锃亮的桌子前写研究报告时，我并不需要像别的研究者那样将自己的研究与心理疾病挂上钩，习得性无助与心理疾病本来就有很大的关系。我的第一个研究计划以及以后 30 年的研究课题，完全符合心理疾病治疗的架构。很快，我们发现只研究老鼠或狗可能会抑郁是不够的，于是开始研究人类的抑郁症。第三版《精神障碍诊断与统计手册》对“抑郁症”进行了定义，你至少要有抑郁症的 9 种严重症状中的 5 种，否则你就没有真的得抑郁症。假如大二的学生能够在学校正常读书，那他就不可能是真正的抑郁症患者，因此研究他们就不符合提供研究经费的条件。很多学术界的心理学家最后只好投降，开始服务于精神医学。托马斯·萨斯（Thomas Szasz），这位言辞犀利的精神科医生就曾说过：“心理学不过是模仿精神医学罢了！”

和许多同事不同，我在这方面做得不错，因为我并不在意将研究从基础研究转向应用研究，只要还是在研究人类的痛苦即可。对我来说，将论文格式改为精神医学的格式，根据第三版《精神障碍诊断与统计手册》的标准来界定我的被试只是不方便而已，倒也不能算做假。

对患者来说，NIMH 的做法给他们带来了很大的利益。在 1945 年，没有一种精神疾病是可以治愈的，也没有一种心理疾病的治疗是有效果的，当时的方法就像是镜花水月，找出童年的创伤并没有成为治疗精神分裂症的良药，而切除前额叶也没能减轻抑郁症患者的症状。但是 50 年后，药物和某些心理治疗手段已经能有效地减轻至少 14 种精神疾病的症状了，其中惊恐障碍和晕血症已可以完全治愈。

不止如此，心理疾病科学已经成为一个新的学术领域。一些过去认识比较模糊的心理疾病，如精神分裂症、抑郁症、酗酒，我们现在可以清楚地诊断、测量；我们也可以追踪患者病情的发展；我们还可以用实验的方法将致病原因分离出来；最主要的是，我们可以用药物和心理治疗的手段来减轻患者的痛苦。这些进步几乎全部要归功于 NIMH 研究经费的支持，相对于这些成果，100 亿美元的经费真是便宜得很。

我个人的研究成果也非常好。在病理性研究模式下，我得到了 NIMH 30 年无间断的资助，先是研究动物的习得性无助，然后转向研究人。我们认为习得性无助可能是一种抑郁症。我们测试动物与人在症状上的相似性、原因和治疗方法后发现，我们诊所治疗的抑郁症患者和被无法解决的问题折磨成的无助者都显示出被动性，这些人在学习上慢了下来，比控制组的人更悲伤、更焦虑。习得性无助和抑郁症在大脑里有相似的生化指标，而且那些缓解抑郁症症状的药物同样也可以用来治疗习得性无助。

然而，我心中一直对只强调发现病因、弥补缺陷的心理学研究模式感到不安。作为一名治疗师，我看到病理性模式对一些患者很有用，但同时也看到另一些患者在非病理性模式下好得很快。我看到这些患者在了解了自己的优势后出现了转变：一个曾被强暴的女人终于明白过去的事已无法改变，而未来却操控在自己手上；一位患者终于了解自己虽然不是一个好会计师，客户却很喜欢他的体贴；一位患者能够有条理地对混乱的情景进行描述，思维开始变得有序。我看到患者身上有着各式各样的优势，在治疗中，我将它们找出来并贴上标签，以使它们成为这些人日后面对各种打击的缓冲器。这种以患者的优势来进行治疗的方式，完全不符合以往的病理性治疗理念：每位患者都有自己特定的毛病，一种毛病只能用一种方式治愈。

在研究习得性无助多年以后，我改变了自己的一些看法，原因是一个令人尴尬的实验结果，我一直希望它会自己消失，但它没有。这个实验结果是：**并不是所有的老鼠和狗在遭受不可逃脱的电击后都会变得无助，也不是所有的人在遭遇解不开的难题或逃不掉的噪声时都会产生无助。**在实验中，有 1/3 的被试永不放弃躲避，无论我们做了什么，做多少次实验；但也有 1/8 的被试从一开始就放弃，根本不做任何努力就马上投降。刚开始，我把这些不符合实验假设的被试排除在实验之外，但是连续十年这种现象一再出现，我终于认为该正视它了。为什么有些人在受苦时永不放弃？又为什么有些人在第一次遇到困难时就马上放弃？

期待与煎熬

我停好车子后立刻冲向旅馆大厅，那儿有公用电话，但是多萝西的电话一直忙音，她可能正在和赢得主席之位的人通话。“不知道是迪克还是帕特赢了！”我自言自语道。我的对手是迪克 · 史因（Dick Suinn），他是科罗拉多州考林斯堡的前任市长，也是奥运选手的心理咨询师，同时还是科罗拉多州立大学心理系的系主任。另一名对手是帕特 · 布里克林（Pat Bricklin），她是心理治疗师，同时也是电台主持人。他们两人过去 20 年里都生活在华盛顿特区的 APA 总部，而我是个外地人，从来没有参加过他们的宴会。事实上，即使被邀请，我也不会去，因为碰到开会，我的注意力比孩子还差。迪克和帕特几乎担任过 APA 总部的所有重要职务，只有主席除外，我却从来没有在 APA 总部担任过任何职务。他们俩还都分别做过一打以上各种团体的主席。我在打电话时想，我上一次做主席还是在九年级的时候。

多萝西的电话还是忙音，一种挫败感油然而生，我脑中一片空白地瞪着电话。我深吸了一口气，开始检讨自己的反应。我现在就假设会是个坏消息，忘掉自己也曾经做过拥有 6 000 名会员的 APA 临床心理学分会的主席，而且做得很好，我还忘记自己是个心理学专家。我让自己觉得没有希望，让自己陷入恐慌；我没有去检查自己的优势，我是自己理论最糟糕的实践者。

我不是天生的乐观者

悲观的人常常以致命的方式建构自己所遭受的打击和挫折，他们很自然地认为造成这个挫折或失败的原因是永久的、普遍的，而且全是自己的原因："不幸会一辈子跟着我，我做什么事都会失败，都是我的错。"一刹那，我发现自己正在这样做：电话忙音表示我输了这场选举，我输了是因为我不够资格。我没有把大部分的时间投入选举，所以失败是我自己的原因。

相反，乐观的人具有坚韧性，他们把自己所面临的挫折看成特定的、暂时的，是别人行为的结果。通过过去 20 多年的经验，我发现在不幸事件发生时，悲观的人比乐观的人患抑郁症的概率要高出 8 倍。悲观的人在学校的表现比较差，在运动、工作上也是如此，他们身体健康状况也不太好，寿命相对较短；他们的人际关系也不好。如果我比较乐观，我会假设多萝西还在试着拨通我的电话，告诉我，我获选了。即使我这次落选了，也是因为临床心理学家比学术心理学家多，人多票多，没有办法。而且我是《消费者报告》（*Consumer Report*）的科学顾问，我是有能力把科学和应用联系在一起的人，假如今年没当选，明年我仍很有希望东山再起。

但我不是一个天生的乐观者，而是一个带有一定悲观色彩的人，我认为只有悲观者才能写出清醒、有条理的乐观书，每天我都在运用我的“习得性乐观”技术。我服用自己开的“药”，而这剂良药很有效。现在的我正在用其中的一项技术——用优势反驳灾难思想。

这种反驳方式很有效，我的精神又振奋起来，然后想到另外一条路。我打电话给雷·福勒（Ray Fowler），“塞利格曼博士，请稍等！”福勒的秘书蓓蒂说。

为什么要当 APA 的主席

在等待时，我的思绪回到了 12 个月前在华盛顿的旅馆房间里，福勒与他的妻子珊蒂以及曼迪与我正在开一瓶加州葡萄酒，三个孩子则在沙发上跳，嘴里唱着《歌剧魅影》里的歌。

福勒 60 多岁，长得十分英俊，留着山羊胡，他常使我想起美国南北战争中的李将军（Robert E. Lee）及罗马皇帝奥勒留（Marcus Aurelius）。十年前他当选 APA 主席，APA 在他接手后不久就发生了分裂（虽然这并不是他的错），同时有一些不满的学术界人士（我也是其中之一）威胁要退出，因为他们认为 APA 已被临床治疗师操纵，而这些精于政治手段的人使 APA 偏离学术轨道，变成了一个支持私人开诊所的机构，完全忽略了科学研究。但是福勒在十年之内将 APA 带出赤字，会员增加到 16 万人，使 APA 与美国化学学会（American Chemical Society, ACS）并驾齐驱，成为世界上最大的两个科学家组织。

我对福勒说：“我需要一些实在的建议，我想竞选 APA 主席，我有获选的机会吗？假如我当选了，你认为我值得为这一事业付出三年的时光吗？”

福勒安静地思考着这个问题，这个人向来喜欢安静地思考，他是心理学政治风暴中的安全岛。“你为什么想要做主席，马丁？”

“福勒，我想把科学研究和应用联系起来，也可以说我想用心理学研究来提升心理治疗的效果；我想使心理健康的研究经费加倍。但坦白地说，这些都不是真正的原因，真正的原因不像上面说的那么冠冕堂皇，你还记得电影《2001 太空漫游》的最后一幕吗？一大堆胎儿飘浮在地球上空，不知道他们的未来在哪里？我想我有一个使命，我现在还不知道它是什么，但假如我是 APA 的主席，我会找出这个使命来。”

福勒对我的问题思考了几秒钟后说：“有六个想要竞选主席的人都在过去几个星期中问过我这个问题，我的工作是保证 APA 主席的任期将是他一生中最好的时光。告诉你，你可能会当选，而且会成为一个很好的主席，这也是我的工作。这是我的真心话。至于值不值得你三年的时光，就比较难说了。你有一个很好的家庭，这份工作会使你常常不在家的……”

曼迪打断了他的话：“其实你不必考虑这个，我答应马丁竞选的条件之一是我们买辆卡车，他去哪里我们就跟去哪里。孩子们会在家里上学，我们本来就主张行万里路，读万卷书。”福勒的妻子珊蒂脸上蒙娜丽莎式的微笑转换成了欣喜的表情，她点头表示赞同。

最高票当选 APA 主席

“福勒的电话。”蓓蒂说，打断了我的回想。

“你当选了，马丁。你不但当选了，而且票数还比第二名多了三倍。这次投票人数比往年多了两倍，你赢得的票数是 APA 历史上最多的一次！”

我很惊讶自己居然当选了，但我的使命是什么呢？

我需要在很短的时间内拟出施政大纲，然后找到同意我理念的人来帮忙执行。我最先想到的就是“预防”（prevention）。大部分采用病理性模式的心理学家都注重治疗，当患者的问题变得忍无可忍时才去帮助患者解决问题。NIMH 所支持的科学非常强调“有效性”（efficacy）——不同药物、不同治疗方式的有效性，希望能结合病症找出最适合的治疗法。但是我认为治疗已经太晚了，我们应该在这个人还正常时就开始预防病变的发生，如此可以避免以后太多的眼泪。20 世纪公共健康留下的最重要的教训是：治愈虽然还没有把握，但预防却非常有效。我们见证了助产士洗了手，产褥热就能减少很多；打过预防针后，小儿麻痹症就绝迹了。

我们能否找到年轻人的心理预防机制，使他们不会患抑郁症、精神分裂症或吸毒呢？我过去 10 年的研究就是围绕着这些问题。我发现教导十岁的孩子乐观思考和乐观行为的技巧，可以将他们在青春期之后患抑郁症的概率减少一半以上。我在《教出乐观的孩子》中很详尽地介绍了这些方法。所以我想“预防胜于治疗”，推广预防的好处及提升其在科学与实践中的重要性，应该是我做主席时所要推动的主题。

够了，治病救人

6 个月后，我在芝加哥召集了一个预防工作小组，开了一天的计划会议。12 名委员中的每一个人都提出了他们关于精神疾病的预防方式，这里面很多都是相关领域中最有名的人，但是很不幸的是，他们的演讲令我觉得无趣。问题不在预防的重要性或是预防的价值，而是心理科学怎么这么无趣，又把病理性模式拿出来套，把那些有用的治疗法提前一点用在有患病危险的年轻人身上就成了预防。这些听起来都很有道理，但是有两点理由使我很难继续听他们说下去。

第一，我们现在所掌握的一些治疗心理问题或精神障碍的方法，不能告诉我们如何预防心理问题的发生。要想预防精神疾病就必须从了解和培养年轻人的优势、能力和美德入手，例如让他们对未来充满期望和希望，并教会他们应对之道，增加他们的勇气、信心和敬业的态度，这些优势的锻炼才能保护孩子在遭受苦难时不会出现精神障碍。

假如我们教导一个属于危险人群的小孩学会乐观及充满希望的技巧，我们就可以预防他得抑郁症。年轻人是吸毒的高危人群，因为他们生活的环境里，贩毒的人很多，但是如果他们对未来充满希望，将精力花在打球等运动方面，并且在工作上具有敬业精神，那么他们就不太会受毒品的诱惑。但是用这些优势来抵抗压力并不符合病理性模式，因为病理性模式只能修补损坏，而这些人在早期并未发病，还不属于患者。

第二，他们的主张是没有意义的，你能给有患精神分裂症或抑郁症风险的孩子注射氟哌啶醇或百忧解来预防吗？这样的科学计划只会吸引那些因循守旧的人。一门新科学需要年轻、聪明、有原创力的科学家加入，历史上真正的科学进步都是因为有了新鲜血液的加入。

当我走出旋转门时，一个最反对旧制、主张破除因袭的教授对我说："今天的会议真是无聊透顶，马丁，你应该让一些有新见解的学术骨干加入这个工作小组。"

把握灵魂，走向美好人生

两个星期以后，我在我家后院与五岁的女儿妮基一起除草时，终于发现学术骨干的真正含义了。我承认我虽然写过一本书及很多论文来论述孩子的问题，但其实我也许真的不知道该怎么和孩子打交道。我是一个目的性强而又不浪费时间的人，所以假如我在除草，我就一心一意地除草。但妮基却不是，她把草丢到空中，又唱又跳，干扰我的工作，于是我责备了她两句，把她赶走了。几分钟以后她又走了回来：

"爸爸，我有话对你说。"

"什么事，妮基？"

“爸爸，你还记得我五岁以前的样子吗？从三岁到五岁的那段时间我几乎每天都在哭闹，在我五岁生日那天，我决定不再哭闹了，那是我做过的最难的一件事。假如我可以停止哭闹，那么你也可以不是一个坏脾气的人。”

女儿妮基的一句话正中我的要害！我是一个坏脾气、爱抱怨的人，花了50年时间去忍受心中的阴霾，过去的十年里，我就像一朵乌云在这个充满阳光的家庭里移动，我所有的好运都不是因为坏脾气而得到的，而是因为虽然脾气不好，但仍然有这么好的运气。所以在那一刻，我下决心要改变自己。

更重要的是，我明白了要教育好妮基不能通过校正她的缺点来做到，她自己可以改变自己，只要她肯下决心，我的任务应该是培养她的优势，从她表现出来的优势中去引导启发她，我把这叫作“把握灵魂”（seeing into the soul），帮助她建立她自己的生活。当妮基的优势发展得很好时，这些优势便可以成为帮助她对抗自己的缺点和抵挡诸多人生挫折与不幸的缓冲器。我现在终于明白教养孩子绝不仅仅只是修正他的缺点，同时还要发掘他的优势与美德，帮助孩子在社会上找到一个安身立命之所，使他的积极人格特质得以全面发展。

如果心理学的作用是把人放对位置，使他们能够发挥自己的优势，并对社会有益的话，那么心理学家们应该有很大的发挥空间。我们是否可以有一门分支学科来讨论生命中美好的东西？是否能有一套优势和美德的指标，使人们的生命充满价值？父母和老师能否应用这门科学教育出坚强且有活力的孩子，并让他们为进入社会做好准备，为争取更多的机会而发挥他们的优势？成年人可以通过学习这门学科而使自己变得更充实、幸福吗？

心理学中一大堆关于患者受苦受难的文章并不适用于妮基，她所要的，以及全世界孩子所需要的，都是积极的动机（爱、仁慈、能力、选择及尊重生命）。它们和消极念头一样都是动机，但积极动机却会带给我们满足、幸福及希望。积极心理学要问：孩子怎样才能获得优势和美德？因为发展优势和美德才能得到积极体验。妮基让我看清了我的使命，通过这本书我想把这一使命说清楚。

积极心理学还会涉及积极的社会组织系统（牢固的家庭、民主的社会、广泛的道德）如何促进人们优势和美德的发展，积极心理学将会帮助我们走向美好生活的大道。

塞利格曼的解答

Authentic Happiness

1. 塞利格曼认为，失败后就认命了，不再尝试或努力的心理状态就是习得性无助。习得性无助可能是一种抑郁症。抑郁症患者和无助者都显示出被动性，他们比一般人更悲伤、更焦虑。

2. 在塞利格曼的实验中，有 1/3 的被试永不放弃，无论我们做了什么，做多少次实验；但也有 1/8 的被试从一开始就放弃了，根本不做任何努力就马上投降。

3. 悲观的人常常认为造成挫折或失败的原因是永久的、普遍的，而且全是自己的错。相反，乐观的人具有坚韧性，他们把自己所面临的挫折看成特定的、暂时性的，是别人行为的结果。

Using the New Positive Psychology
to Realize Your Potential for Lasting Fulfillment

第 3 章

幸福的误区

表达积极情绪
是维持所有亲情、爱情和友情的关键。

我们的困惑

1. 恐惧、悲伤和愤怒等消极情绪一无是处吗?
2. 既然消极情绪是人类生存进化所必需的,那么积极情绪是不是可有可无,甚至是拖后腿的?
3. 消极情绪与什么样的工作最搭,积极情绪呢?

为什么我们会觉得幸福?为什么我们会有情绪?为什么进化要赐予我们一个持久的且非常耗神的情绪状态,并让我们的日子每天围着它转?

进化排斥积极情绪吗

在这个让心理学家感到舒服的世界里,对一个人或一个物体的积极感受会使我们趋近对方,而消极感受则使我们逃避;就像是烤饼干的香味会吸引我们去烤箱旁等着,而呕吐秽物的臭味会使我们立刻走到另一边去。连低等物种,如阿米巴虫和蠕虫都懂得趋吉避凶。在进化过程中,为什么比较复杂的动物会进化出情绪呢?

解开这个纠缠不清的结的第一个线索来自积极情绪和消极情绪的比较。消极情绪——恐惧、悲伤和愤怒,它们是我们应对外界威胁的第一道防线,它们使我们进入战斗准备:恐惧是危险靠近的第一个信号,悲伤是即将失落的信号,愤怒则是被侵犯的反应。从进化角度来看,危险、损失和侵犯都会威胁到我们的生存,而且这些外在的威胁都是非输即赢、生死一线的事。一个人赢代表了另一个人输，就像网球比赛，每次对方得一分你就输一分。消极情绪在非输即赢的生存游戏中扮演主角，比赛的结果越严重，情绪体验就越强烈。当形势越是你死我活时，个体的消极情绪就越强烈。那些能感受到最强烈消极情绪的祖先，一定是争斗中的最佳幸存者，因此遗传偏向于消极情绪，只有这样，他们才能将基因遗传下来，从而成为我们的祖先。

所有的情绪都有感情成分、感官成分、思考成分以及行动成分。所有消极情绪的感情成分是令人嫌恶的，如厌恶、恐惧、责骂、仇恨。这些感情进入我们的意识，并改变我们的意识。行动以感官上的警报为基础，当非赢即输的比赛来临时，消极情绪会使我们警觉，去找寻什么地方不对劲并且消灭或逃避它。情绪所引起的思考通常是专注的，不允许别的东西来分散注意力，这些都是在一瞬间完成的，人们必须立即做出反应：迎击、逃避或是明哲保身。

自达尔文物竞天择的理论确立以来，大家都赞同消极情绪的进化比较优先；但是，对于积极情绪是否是必要的，竟然没有公认的看法，这真是件很奇怪的事。

科学家将现象与伪现象进行区分：踩油门是个真实的现象，因为它启动的一连串反应使你的车开始加速；伪现象只是一个测量，但没有因果关系，例如汽车仪表盘上，显示车速的指针的上升并不能使车的速度加快，它只是告诉驾驶者，车子正在加速。斯金纳（B. F. Skinner）等行为主义者花了半个世纪的时间来争辩意识只是种伪现象，就像卡布奇诺上的泡沫一样。他说当你看到熊逃跑时，你的恐惧只反映出一个事实，那就是你在跑开，主观恐惧通常是发生在逃跑的行为之后；简单地说，恐惧不是逃跑的动力，它只是计速器而已。

虽然曾在行为实验室[①]中工作，但我从一开始就是个反行为主义者。习

① 塞利格曼博士毕业于全美最好的行为实验室，即宾夕法尼亚大学行为学派大师理查德·所罗门教授的实验室。——译者注

得性无助使我看到行为主义的错误。动物可以，人当然更会认识到事件之间的复杂关系（例如，“我怎么做都没用”），还会把这个关系推定到未来的事件中（例如，“我昨天怎么努力做都没用，今天虽然情境不一样，但我再怎样努力还是一样没有用”）。看出复杂的关系是一种判断，而把这判断推定到未来的事件则是一种预期。如果你仔细观察习得性无助，会发现上述心理过程不是一种伪现象，因为它的确引发了放弃。习得性无助是刮倒行为主义茅草屋的一阵大风，它使得认知心理学得以在 20 世纪 70 年代统领学术界。

我当时就非常相信消极情绪不是伪现象，进化论的证据非常具有说服力；悲伤和抑郁不但是失败的信号，同时也会引起退缩、放弃甚至是自杀（在极端的情况下）的行为。焦虑和恐惧表示危险仍然存在，使你准备做出逃命、防御，或明哲保身的行为或行为趋向。愤怒表示权利被侵犯，将引起攻击入侵者的准备行为及伸张正义的呼声。

很奇怪的是，我当时并没有把这个逻辑应用到积极情绪上，不管是在理论中还是生活上都没有。因此，幸福感、自信、欢愉的体验离我很远，像海市蜃楼一样可望而不可即。在我的理论中，我思考过积极情绪会引起什么结果，或假如你生而不幸，没有这些积极情绪时，是否可以用后天的方法来弥补？我在《教出乐观的孩子》一书中写道，一般而言，幸福感，尤其是自信，是你在获得成功后的副产品，你不可能在成功之前就产生积极的体验，这样的因果关系是颠倒的，那是我当时的想法。

在个人生活中，很遗憾地说，我很少有幸福感，即使感到幸福也很短暂、不持久。在我接触有关积极和消极情绪文献之前，我都把自己的情绪深埋在心中，从不让别人知道。明尼苏达大学的研究显示，积极情绪是种人格特质，具有遗传性。一对同卵双胞胎无论是爱哭还是爱笑，只要有一个具有某种情绪个性，另一个也必然差不多；但假如是一对异卵双胞胎（只有一半的基因相同），那么他们两人具有相同情绪特质的可能性就会处于一种机会水平。

你如何知道自己具有积极情绪还是消极情绪呢？下面是测量情绪最有效的“积极情绪和消极情绪量表”（Positive Affectivity and Negative Affectivity Scale, PANAS），由戴维·沃森（David Watson）、李·克拉克（Lee Anna Clark）和奥肯·泰勒根（Auke Tellegen）共同开发研制。不要惧怕它的术语，这其实是一个很简单、很有用的测验。你可以直接在书上做，也可登录网站（www.authentichappiness.org）去做。

测一测你的幸福感有多强

这个量表内有许多描述不同感觉和情绪的词汇，阅读这些内容，并在每个词汇前面的空格内填上最恰当的答案，即最能描述你当下心情的选项。

积极情绪和消极情绪测验

1. 很少或几乎没有　2. 有一点　3. 中等　4. 很多　5. 非常多

______兴趣盎然（PA）	______生气（NA）
______分心（NA）	______警觉（PA）
______兴奋（PA）	______羞耻（NA）
______不爽（NA）	______激励（PA）
______坚强（PA）	______紧张（NA）
______罪恶感（NA）	______决心（PA）
______恐惧（NA）	______注意（PA）
______敌意（NA）	______神经质（NA）
______热情（PA）	______主动（PA）
______骄傲（PA）	______害怕（NA）

计分的方式是将 10 个积极情绪（PA）项目的得分，以及 10 个消极情绪（NA）的分数加起来，你会得到两个 10 ～ 50 的分数。

有些人拥有相当积极的情绪，这种个性会伴随他们一生。拥有积极情绪的人大部分时候都觉得很好，好事会带给他们幸福感，而且这种幸福感相当持久。当然，也有很多人没有幸福感，他们即使成功了，也不会欢呼雀跃。大部分人落在这两个极端的中间，我想这是心理学界老早就知道的事。现在我们已经清楚地知道愤怒和抑郁本质上的差别了，何不把力气投到积极情绪上？

过去的理论认为，基因主导着人的情绪生活。假如你的情绪天生不是风平浪静的，那么这个理论会告诉你：你是无法使自己更幸福的，你所能做的就是接受这个命运（就像我过去一样）；你再努力也不可能获得那些幸运者所享受的较高的积极情绪。

我的一个朋友雷恩，他的积极情绪分数比我还低，在别人眼中他是很成功的：做到证券交易公司的总裁，拿过好几次全国桥牌比赛的冠军，而且成名很早，在二十多岁时就非常成功了。他外表英俊，口齿伶俐，聪明机智，是当之无愧的钻石王老五。但他在感情生活上却一败涂地。正如我前面所说，雷恩是个内向的人，非常缺乏积极体验。我曾看他在拿到全国桥牌冠军时闪现出一丝笑容，然后就一个人逃到楼上，去看晚间的足球赛了。这并不是说他不敏感，他非常知道别人的情绪和需求，也对别人的情绪和需求能做出恰当的反应（这是为什么每个人都说他“很好”的原因），但是他自己却并不能获得积极的体验。

与雷恩约会的女孩当然不喜欢这样，她们觉得这男人很冷漠，没有乐趣，不会说笑。她们都对他说："雷恩，你有点不对劲。"结果，他连续五年都去求助于纽约的心理分析师。"你有点不对劲，雷恩。"心理分析师也这么说。于是心理分析师用尽各种炫目的技巧，来挖掘他童年的不幸创伤，找出为什么他要压抑积极情绪，结果一切都是徒劳——雷恩没有任何创伤可以挖掘，他的童年非常幸福。

事实上，雷恩并没有什么问题，他只是处于积极情绪量表的低端。进化使得很多人的积极情绪体验都落在低端，因为进化选择会使人的一些情绪派不上用场，这样这些情绪也就不出现了（一般是积极情绪）。雷恩的冷漠情绪在很多场合对他是有利的。在打桥牌叫牌的时候，在贸易谈判的时候，在开董事会的时候，他的不动声色对他都是很有利的。而在约会时，女人会觉得愉悦的男人比较有魅力。十年前，他问我该怎么办，我建议他搬到欧洲去住，那里的人比较内向，情绪不外露，这对他比较有利。结果他与一名欧洲女孩结了婚，生活十分美满幸福。所以，这个故事的意义是：一个人即便没有很高的积极情绪，也可以得到幸福。

有幸福感让我们更聪明

像雷恩一样，我过去也觉得生活中缺少积极情绪体验，那天下午在后院与妮基的谈话让我知道自己的理论是错误的，但是真正说服我的是时任密歇根大学副教授的芭芭拉·弗雷德里克森（Barbara Fredrickson）[①]：积极心理学不只是让我们觉得快乐，它还有远大的目标。美国有一个"坦普尔顿积极心理学奖"（Templeton Positive Psychology Prize），专门颁给

① 弗雷德里克森是积极情绪领域杰出的研究者。在《积极情绪的力量》中，她告诉我们，最佳的积极情绪与消极情绪的配比是 3 ：1，并提供了 7 种降低消极情绪和 10 种提升积极情绪的方法。该书中文简体字版已于 2010 年由湛庐文化引进、中国人民大学出版社出版。——编者注

40 岁以下、在积极心理学研究方面有出色成绩的年轻人，一等奖的奖金是 10 万美元，而我很荣幸地出任了评选委员会的主席。2000 年第一次颁发这个奖时，得奖者正是弗雷德里克森博士，她的得奖作品是积极情绪的功能理论。当我第一次读到她的论文时，我三步并两步地跑上楼，去告诉我妻子："这是改变人生的文章。"至少对我来说，它改变了我的生活。

弗雷德里克森认为积极情绪在进化过程中是有其目的的：它扩展了我们智力的、身体的和社会的资源，增加我们在威胁或机会来临时可动用的贮备。当我们拥有情绪积极时，别人比较喜欢我们，我们在友谊、爱情和合作上更容易成功。跟我们在烦恼、忧虑时相反，积极情绪扩展了我们的心智视野，增加了我们的包容性和创造力。我们在心情好时，较能接受新的想法与新的经验。

弗雷德里克森举了几个实验的例子来支持她的理论。假设在你面前有一盒大头钉、一支蜡烛和一盒火柴，你必须把蜡烛挂在墙上，但是蜡油不能滴到地板上。这项任务需要有创意才能解决。把大头钉倒出来，空盒用大头钉钉在墙上，再把蜡烛放在盒子里，这样，油就不会滴落在地板上了。在做这项实验之前，实验者先让你进入积极的情绪，给你一小袋糖果，看好笑的卡通，或是叫你有感情地大声念出一系列积极情绪的词汇。每种方式都能增加一些好的感觉，由此而来的积极情绪使你更有可能发挥创造力，去完成这项任务。

另一个实验是尽快判断出一个词是不是属于某个类别。例如，运输工具类，当你听到"汽车"和"飞机"时，会很快回答"是"；但是当你听到"电梯"时，大多数人会慢半拍回答"是"，因为它不太符合我们心目中的运输工具。实验者发现，如果先引发被试的积极情绪，被试对电梯的反应时间就会变快。积极情绪拓宽了你的胸襟，加快了你的思考速度。

这样的智力拓展也发生在有关小孩和有经验的医生的两项实验中。实验者要两组 4 岁的小朋友用 30 秒去回忆一个“使你高兴得跳起来的事情”（高能量的幸福），或是一件“使你高兴得只想坐着微笑的事情”（低能量的幸福）；然后所有小朋友都要进行一项有关形状的学习。结果上述两组的表现都比接受中性指导语的控制组好。在医疗情境下，将 44 名实习医生随机分派到三个条件下：一组是每个人得到一小包糖果，一组是大声朗读人本主义者对医学的看法，另一组是控制组；然后给所有医生一个很难诊断的肝病症状，要他们说出自己诊断的步骤，结果得到糖果的那一组做得最好，最早想到可能是肝病。

愚蠢的人才幸福吗

虽然有以上的证据，但我们还是习惯地认为幸福感强的人都是没有太多思想的笨蛋。我上高中时是个书呆子，我从很多开朗、人缘好，但后来没什么成就的同学身上找到过一丝安慰。这种“幸福但愚蠢”（happy-but-dumb）的看法出自皮尔斯（C. S. Peirce）这位实用主义（pragmatism）的创始人，他在 1878 年写道，思想的功用是减轻疑虑。我们并不思考，我们平常几乎是无意识地过日子，直到有问题发生。当鞋里跑进小石子时，我们才会启动意识去分析。

整整 100 年以后，劳伦·阿洛伊（Lauren Alloy）和琳恩·艾布拉姆森这两位聪明的研究生，用实验的方法证实了皮尔斯的话。她们让大学生被试控制一盏绿色的灯光，有时候被试有完全的控制权，灯只在被试按下时才会亮，如果不再按一次便一直亮着；其他时候则是不管他们有没有按开关，灯都会亮。然后她们请被试评估他们对情境的控制程度，比较抑郁的学生对他们能控制或不能控制的评估都很正确，但是不抑郁的学生的表现令人吃惊，他们有控制权时，对自己的评估很正确，但即使完全没有控制权时，他们依然认为自己掌握着 35% 的控制权，即不能对自己做出正确的评估。

许多证据显示，抑郁的人虽比较悲伤，比较没有幸福感，但比较正确。抑郁的人比较实际，他们能够较正确地判断自己有多少才能；而有幸福感的人对自己能力的评估通常超过别人对他的判断。80% 的美国人认为他们的社交技能落在正态曲线的前半部分，大部分人认为他们的工作表现好于平均水平，大多数开车的人都认为他们开车比一般人更安全（包括那些曾经出过交通事故的人）。

有幸福感的人记住了更多快乐的事件，他们记住的甚至比实际发生的还多，他们常常将不好的经历都忘了。相反，抑郁的人对两种事件的记忆都很清晰。有幸福感的人认为如果他们成功了，当然是证明自己有能力，既然有这样的能力，那么以后一定还会再成功。如果他们失败了，则会相信失败很快就会过去，而且只是因为运气不好。抑郁的人则会公正地评估成功与失败，不会过分偏向哪一边。

这种理论的确会使有幸福感的人看起来没脑筋。但是，现在对抑郁的人是否能很真实地对待成功与失败也有争议，因为许多实验者无法再现以上提到的实验结果。此外，赢得 2000 年坦普尔顿奖第二名的犹他州立大学教授利萨 · 阿斯平沃尔（Lisa Aspinwall）收集的很多证据都显示，有幸福感的人比没有幸福感的人能更好地做出重要决策。她给被试看一些跟健康有关的文章，例如，给爱喝咖啡的人看咖啡因与乳腺癌关系的文章，或是给爱做日光浴的人看晒太阳与皮肤癌关系的文章。她根据乐观测验的结果来对被试分类，或是让被试回忆一些美好时光来引发其积极情绪，然后再给他们读这些文章。一周后，请他们回忆文章中关于得癌症的危险率，有幸福感的人比没有幸福感的人更能正确地回忆出负面信息。

解决“哪一种人比较聪明”的争执可以用下列方法：在正常情况下，有幸福感的人会根据他们过去试过，且证明有效的积极经验来判断事情，而没有幸福感的人通常对事情抱有怀疑的态度。即使在过去的 10 分钟内，灯亮不亮不是他可以控制的，但有幸福感的人从过去的经验中假设事情终究会变好，再过一会儿，他们就可以掌控了，因此才会认为自己有 35% 的控制权。但是如果这个事件有威胁性（一天三杯咖啡会增加得乳腺癌的可能性），有幸福感的人马上就会转换跑道，采取比较怀疑的态度，去分析它。

综合上述发现，我看到一个令人兴奋的可能性：积极情绪可以使我们从完全不同的角度进行思考，脱离消极的思考方式。从主持 30 年心理系系务会议的经验中，我发现当我们在一间没有窗户、灰暗且没有生机的房间内开会时，每个人的脸都是阴沉的，这种冷漠情绪使我们对所有事情都不满，苛刻地加以批评。当我们开会讨论哪个人最适合聘进来当教授时，通常通过率为零，因为无论对方有多强，总有人可以找出他的缺点。在过去的 30 年里，我们拒绝了许多优秀的年轻学者，这些人后来都成为世界知名的心理学家。

所以，冷漠、消极的情绪会激发一种挑剔的思维方式：集中注意力去挑毛病，然后宣判出局。相反，积极的情绪会使思维进入有创造性、包容性、建构性、非防御的大道。这种思维方式不是去挑毛病，而是去看优点，看看这个人进来后，会为系里做出什么贡献。跟消极情绪的思维比起来，积极的思维甚至可能发生在不同的脑区，它们似乎有不同的神经传导物质在做媒介。

你可以根据要进行的工作来选择你的思维方式，设计你的情绪。以下这些工作可能更需要批判性思维：研究生入学考试、计算个人所得税、决定要开除谁、处理失恋、面对审计、校对编辑、在竞争激烈的运动竞赛中做决策、决定上哪一所大学等。如果你在下雨天，坐在有靠背的椅子上，或坐在安静无声像牢房一样的房间内做上述这些事，你不安的、悲伤的情绪对你不但没有妨碍，反而可能使你的决策更敏锐。

相反，任何需要用到创造力、想象力或广泛思考的工作，例如，设计销售方案、想办法增加生活乐趣、考虑一项新事业、决定是否该和某人结婚、从事业务爱好或竞争性不强的运动、进行创意写作等，你应该找一个会提升你积极情绪的地方来做这些事（在舒适的椅子上，有悦耳的音乐，阳光普照，空气清新）。如果可能，请邀请你信任的朋友一起做这些事。

有幸福感让我们更健康

像幸福感这样高能量的情绪会使人好动，而好动可以建构身体的资源。松鼠的嬉戏活动包括用最快的速度奔跑，弹跳到空中，在空中改变方向，落地后立刻拔腿往另一个方向跑；猴子在嬉戏活动中也会利用小树枝的弹性，将自己像弓箭一样弹射到空中。这些活动方式其实都被人们用来逃命或保命，你可以把游戏活动看成在增强肌肉的强度，以及提高心脏血管的适应性，以便未来能逃避猎食者，并使自己在打架、猎食和求爱等方面更完美。

有很多证据显示，积极情绪可以预测健康状态和是否长寿。目前规模最大的研究是在美国西南部对 2 282 名 65 岁以上的墨西哥裔美国人所做的人口和情绪统计问卷。这个研究持续了两年，结果发现积极情绪可以很好地预测生死存亡以及残障情况。在把握了受访者的年龄、收入、教育程度、体重、抽烟与否、喝酒状况以及疾病因素之后，研究者发现有幸福感的人和没有幸福感的人相比，死亡率降低一半，残障率也降低一半，积极情绪还使人不易衰老。你一定还记得，本书一开始就提到，那些有幸福感的修女比没有幸福感的修女活得更长，身体也更健康，梅奥医学中心的研究也显示，乐观的人比悲观的人活得长久很多。有幸福感的人有比较好的健康习惯，比较低的血压，比较强健的免疫系统。当你把这些资料和阿斯平沃尔的发现——有幸福感的人会去寻求并吸收比较多的健康信息，放在一起思考，你会得到一个很清楚的结论，即幸福感会延长寿命并促进健康。

或许积极情绪最重要的资源建构特质体现在人的生产力上。虽然我们几乎没有办法区分到底是高的工作满意度使人更幸福，还是有幸福感使一个人对他的工作更满意，但是有幸福感的人的确比没有幸福感的人对工作更满意。研究发现，幸福感可以提高一个人的生产力和收入。有一项研究测量了272 名职员的情绪，追踪他们在之后 18 个月内的工作表现，结果发现上司给有幸福感的人的评价比较高，工资也比较高。在一个长达 15 年的对澳大利亚青年的大型追踪研究中发现，有幸福感的人比较容易找到工作，工资也比较高。在探讨幸福感与生产力因果关系的研究中（用实验的方式引发幸福感，然后观察其表现）发现，无论是大人或小孩，在心情好的时候，都会选择比较难的实验任务，其表现也较好，坚持得也比较久。

有幸福感的人在遇到不幸事件时的应对方式是他们建构身体资源的最后一个表现。你的手可以在冰水中浸泡多久？一般来说是 60 ～ 90 秒，超过这个时间，手就会觉得疼。堪萨斯的一位教授里克·斯奈德（Rick Snyder），也是积极心理学的创始人之一，他曾在电视节目《早安美国》（*Good Morning America, GMA*）中证明过积极情绪可以对抗不幸。他先给节目工作人员做积极情绪的测验，发现有一个叫吉布逊的人的分数比别人高出很多；然后在节目现场，他请所有工作人员都将手放入摄影机前的冰桶里，所有人都在 90 秒之前将手从冰桶中抽出来，只有吉布逊，坐在那儿微笑，手放在冰桶中直到插播广告为止。

有幸福感的人不但比较能忍受痛苦，而且在受到威胁时，比没有幸福感的人更注意健康和安全的信息，积极情绪还能去除消极情绪的作用。弗雷德里克森给学生看电影《岩礁》（*The Ledge*）中的一个片段：一个人双手扒着大厦的窗沿一点一点地前进，突然他的手松了，挂在高空，下面是车水马龙…… 这时，学生的心怦怦怦直跳，他们都替主角紧张。之后，学生又看了四个电影片段："海浪"引发出满足感；"小狗"引发出欢愉感；"树枝"没有引发出任何感情；"哭泣"引发出悲伤。"海浪"和"小狗"这两段使学生的心跳减慢，而"哭泣"则使心跳加速。

有幸福感的人朋友多

我的女儿卡莉七周大时开始了她的社交。她在吃奶时，常常停下来望着母亲笑，母亲报以微笑，卡莉喉咙里发出快乐的声音。当这些程序完成时，母女之间爱的联结就形成了。拥有这种安全型依恋的孩子长大后，在各方面都会表现得更好，包括毅力、问题解决、独立性、探索性及热忱。表达积极的情绪不但是母子连心的关键，也是所有爱情和友谊的关键。我最好的朋友并不是心理学家，也不是其他专业领域的学者，而是跟我一起打扑克、玩桥牌、打排球的人。

有一种面部麻痹的病叫“莫比乌斯综合征”（Moebius Syndrome），患者无法微笑。有这种病的人无法用面部表情来显示积极情绪，再友好的谈话，患者脸上都是无动于衷的冷漠表情，这使他们常常无法交到朋友。当我们体验到积极情绪时，我们会表示出来，并引发别人的积极情绪，但如果没有得到回应，配合爱和友情之舞的音乐就会戛然而止。

一般心理学的研究集中在病态行为上，研究人员去了解抑郁的、焦虑的或愤怒的人，调查他们的生活形态及人格特质。我自己也做了 20 年这种研究，而埃德 · 迪纳（Ed Diener）和我决定去做相反的事，看看最快乐的人的生活形态和人格特质是怎样的。我们随机选了 222 名大学生，用六种不同的方法测量他们的幸福程度，然后挑了最幸福的前 10% 的学生来做研究。这些非常幸福的人与一般人或不幸福的人之间有一个很重要的差别：社交生活丰富与充实。最幸福的人是独处时间最短的人，也是花最多时间在交际上的人。他们和他们的朋友都在“好的人际关系”上给他们最高分。最幸福的 22 个人中，只有一个人没有朋友。这些幸福的人的钱都不多，他们和那些不幸福的人所经历的好的和坏的事情都差不多，睡眠时间上也没有差别，在看电视、运动、抽烟、喝酒和宗教活动上都没有差别。许多研究显示，幸福的人比不幸福的人拥有更多朋友，更可能结婚，更喜欢参与群体活动。

幸福的人有一个共同的特点就是利他行为。在我看到这份资料前，我一直以为不幸福的人比较能同情别人的痛苦，因为他自己感受过，应该更会有利他行为出现，所以当我看到幸福的人更可能是利他主义者时，真的吓了一跳。在实验室中，幸福的大人和小孩都更有同情心，也更愿意捐钱给需要的人。当我们幸福时，我们不会把注意力集中到自己身上，我们会更喜欢别人，甚至愿意与陌生人分享我们的幸福。当我们心情低落时，我们不相信别人，变得很内向，并且集中注意力来保卫自己的需求。

幸福和双赢

弗雷德里克森的理论以及上述这些研究，让我看到自己应该尽量把积极情绪带入生活中。就像所有落在钟形曲线左下端的人一样，我曾安慰自己说怎么感觉并不重要，重要的是我能成功地与外界互动。但积极情绪很重要，它不只能带给你幸福感，还能使你和外界的交往更成功。如果你建立起了积极情绪的生活，你会发现你的朋友变多了，你在友谊、爱情、身体健康、工作等表现上都会加分很多。弗雷德里克森的理论也回答了本章开始时的一个问题：为什么我们会觉得幸福？为什么我们会有情绪？

扩展与建构，即成长和积极的发展，这是双赢的特点。理想上，读本章就应该是一个双赢的例子。如果我是个好的作家，我应该会从写这本书中学到很多，而读者也应该有所收获，如在交朋友、谈情说爱、抚养孩子等方面，这就是双赢。几乎所有的科技进步都是双赢的，就像活版印刷并没有使原来的印刷业萎缩，相反，它增加了印刷的经济效益。

消极情绪是指示“这里有危险”的感官系统警报，它告诉你，你正处在一个非赢即输的情况中。积极情绪也是一个感官系统，它是一盏“这里有成长”的霓虹灯，它告诉你，眼前是双赢的情况。通过激发宽广的、有包容性的、有创造力的思维方式，积极的情绪将使你在社交上、知识的吸收上和身体健康上收获更多。

塞利格曼的解答

Authentic Happiness

1. 消极情绪是我们应对外界威胁的第一道防线，它使我们进入战斗准备，使我们战胜或远离危险、失落或侵犯。

2. 积极情绪扩展了我们的心智视野，增加了我们的包容性和创造力；积极情绪使我们更健康、更长寿；积极情绪使我们拥有更好的人际关系。

3. 消极情绪应与需要批判性思维的工作匹配，如研究生入学考试、计算个人所得税、决定要开除谁、处理失恋、应对审计、校对编辑、在竞争激烈的运动竞赛中做决策、决定上哪一所大学等。相反，需要用到创造力、想象力或广泛思考的工作，如设计销售方案、想办法增加生活乐趣、考虑一项新事业、决定是否该和某人结婚、从事业务爱好或竞争性不强的运动、进行创意写作等就需要积极情绪的配合了。

第 4 章

怎样才能永远幸福

你对金钱的看法比金钱本身更能影响你的幸福感。

我们的困惑	1. 我的总体幸福程度如何? 2. 幸福感是先天的，还是后天的? 3. 财富、婚姻、社交、健康，哪些能让你更幸福，哪些与幸福一点儿不相关?

虽然这本书所引用的研究大多来自统计研究，但一本贴近大众的心理学书籍最多只能有一个公式，这样才不会把读者吓跑，下面就是本书所用的唯一的公式。

$$H=S+C+V$$

H 是你的幸福的持久度，S 是你的幸福的范围，C 是你的生活环境，V 是你自己可以控制的因素。本章只讨论 H、S、C 的部分，V 是积极心理学最重要的核心，留在第 5、6、7 章中来谈。

H：幸福的持久度

区分暂时幸福和持久幸福是很重要的，暂时的幸福很容易通过巧克力、喜剧片、背部按摩、奉承的话、一束鲜花、一件新衬衫而获得。本书不是要告诉你如何增加暂时的幸福，因为没有人比你更知道如何能增加自己生活中暂时的幸福，困难的是如何提升幸福的持久度，这是无法通过增加暂时幸福来获得的（原因你会在下面看到）。第 1 章所做的“福代斯幸福测试”是针对暂时幸福的，现在要了解你的总的幸福水平，下面这个量表是由加州大学河滨分校心理系副教授索尼娅·柳博米尔斯基（Sonja Lyubomirsky）编制的。

总体幸福测验

在下面的句子中，圈选出最适合你的分数。

1. 总的来说，我认为自己：

1　2　3　4　5　6　7

不是一个很幸福的人　……　是个很幸福的人

2. 跟我的同伴比起来，我认为我是：

1　2　3　4　5　6　7

比较不幸福　……　比较幸福

3. 有些人一直都感到很幸福，无论发生什么事，他们都能享受生活，并从每一件事中获取最大收益。你认为这句话适合你吗？

1　2　3　4　5　6　7

一点都不适合　……　非常适合

4. 有些人总是没有幸福感，虽然并没有到抑郁症的地步，但就是幸福感不强。你认为这句话适合你吗？

1　2　3　4　5　6　7

非常适合　……　一点都不适合

计分的方式是把分数加起来除以 4，美国人的平均值为 4.8，2/3 的人分数介于 3.8 ～ 5.8 之间。

你可能认为，只要肯努力，每一种情绪状态、每一种人格特质都可以得到改变。40 年前我刚开始研究心理学时也这么认为。这种“人是完全可以改变”的思想笼罩着当时的心理学界。当时的人认为，只要肯下决心去改，只要可以重塑环境，人都可以变得更好。但是在 20 世纪 80 年代，双生子和养子的人格研究开始出现，上述说法一败涂地，再无东山再起的可能。同卵双胞胎的心理特质比异卵双胞胎更相像，被人收养的孩子的人格特质更像亲生父母而不像养父母，这类研究报告现已超过百篇，并且都显示出同一结论：大约 50% 的人格特质是由基因决定的。但是高遗传性并不代表不可改变，有些遗传特质（如体重）是不可改变的，其他遗传特质（如悲观、恐惧）则是可以改变的。

S：幸福的范围

你的幸福测验分数有一半是你的基因决定的。这表明我们脑中可能有一个遗传而来的掌舵小人，他使我们感到幸福或不幸福。举例来说，如果你拥有的积极情绪的分数不高，你可能常觉得想逃避社交活动，宁可一个人独处。下面你会看到，幸福的人是善交际的，朋友很多，有人认为他们的幸福来自社交生活的圆满。如果你不去对抗脑海中的小舵手，你就得继续停留在不幸福中，而你其实完全不必如此。

幸福的恒温仪

露西是住在芝加哥海德公园区的一位单亲妈妈，她的生活很需要希望，所以她每周花 5 美元买伊利诺伊州的乐透彩券。露西需要定期的“希望”来提升自己的情绪，因为她的心情每天都很低落。假如露西看得起心理医生的话，她的状态应该被判定为轻度抑郁。这种情况并非始于三年前露西的先生遗弃她时，其实她的心情一直

> 都处于低潮，至少从 25 年前，她还在念中学时就是如此了。
>
> 有一天，奇迹出现了，露西中了 2 200 万美元的乐透，她高兴得简直要疯掉了，她立刻把工作辞了，跑到各大商场去血拼。接着露西在高级住宅区买了一幢有 18 个房间的豪宅，还有最名贵的跑车，她甚至把双胞胎儿子都送进了私立学校就读。但是很奇怪，随着时间的流逝，她的情绪又陷入了低落。最后，到年底时，露西的心理医生诊断她为持续性抑郁症，虽然她完全没有任何抑郁的原因。

像露西这样的故事使心理学家开始怀疑，我们是否天生就有一个幸福的范围，而且是固定的、不可改变的。这个天生的范围就像恒温仪，即使有高兴的事情使我们的情绪高涨，它也会尽忠职守地把我们的幸福感拉回到平常的设定。有一项研究追踪了 22 名中了乐透大奖的人，结果发现，最终他们都降回到原来的幸福指数附近，赢得大奖并没有使他们比控制组的人更幸福。但好消息是，假如有不幸的事发生，这个恒温仪也会把你从低潮中拉出，让你回到原来设定的地方。其实，抑郁就像是一个插曲，在发作后几个月，情绪便会回到原来的设定。即使在车祸中受伤导致半身不遂的人，也能很快适应自己身体的新情况。在车祸或意外后的八周内，这些人的积极情绪就开始超越消极情绪；在几年后，他们只比没有瘫痪的人感到不幸福一点点而已。84% 的严重残障者认为，他们的生活处在平均值，甚至比平均值更高。这些发现支持了我们每个人都有一个积极或消极情绪范围的看法，这个范围是决定我们整体幸福程度的先天因素。

幸福的跑步机

另一个使你不能提升自己幸福层次的影响因素是“幸福的跑步机”（hedonic treadmill），它使你很快就适应了好事情，然后认为那是理所当然的，不再心存感激。当你收集到越来越多珍奇之物，职位越爬越高时，你的预期也越来越高，过去的努力带给你的名望和财富不能再为你带来幸福，你必须拥有更多、更好的，否则就感觉不到幸福。但是一旦达到那个层次，很快你又适应了，又必须去追逐更多、更好的，如此循环下去，你永远也幸福不起来。很不幸的是，有许多证据证明了这个“跑步机”的确存在。

假如没有这个“跑步机”，红运当头的人应该比普通人幸福得多。但实际上，一般老百姓比那些达官贵人更幸福。研究发现，幸运的事和高成就不能带给人们长久的幸福，只有短期效果而已。

- 一个重要事件（如失业或晋升等）在三个月之后就会失去它对快乐程度的影响力。
- 财富虽然可以带来物质的占有，但它跟幸福的相关度却很低；一般来说，富有的人只比贫穷的人幸福一点点。
- 过去 50 年，富庶国家的人民收入显著上升，但是生活满意度并没有随之上升，还是跟以前一样。
- 新近的加薪可以预测工作满意度，但是工资高低却不能预测工作满意度。
- 外表的吸引力对幸福没有任何作用。
- 健康跟幸福的相关刚好达到显著性（即这两样事物有相关但相关程度不高，刚刚达到统计学的标准），而身体健康是所有资源中最有价值的一项。

不过，适应也是有限度的，有些坏的事件我们永远没有办法适应，或适应得很慢。孩子的死亡或是配偶意外身故都是明显的例子，在事件发生后的 4 ～ 7 年，当事人还是比控制组的幸福感低。照顾阿尔茨海默病患者的家属幸福感下降得很快，赤贫国家的人幸福程度比富有国家的国民低，虽然几百年来他们一直是贫穷的。

所以，S 变量（你天生的乐观个性、幸福的跑步机效应及个人幸福的范围）会限制你幸福感的上限。但是下面两个因素 C 和 *V* 则可以提高你的幸福感。

C：生活环境

关于环境这个因素，好的一面是，它的确可以提升幸福感，坏的一面是，这种改进很昂贵且不切实际。在我讨论生活环境如何影响幸福感之前，请先就下面的问题写下你的意见：

- 美国有百分之多少的人曾经得过抑郁症？
- 美国有百分之多少的人认为他的生活满意度在中等之上？
- 有百分之多少的精神疾病患者报告说他的积极情绪比消极情绪多？
- 贫穷的黑人、失业者、老年人和多重残障的人，哪一种人的消极情绪比积极情绪多？

你很可能低估了幸福的百分比（我就是）。美国成人认为应该有 49% 的人曾得过抑郁症，但正确答案是 8% ～ 18%；他们认为只有 56% 的人觉得生活满意度在中等以上，但正确的答案是 83%；他们还认为只有 33% 的精神疾病患者会觉得自己的积极情绪比消极情绪多，但事实上有 57% 的人回答，他们的情绪是积极的，虽然他们有精神疾病。至于最后一道题，四种人都说他们感到很幸福，但是受访美国成人中，有 83% 认为贫穷的黑人不幸福，100% 的人认为失业者不幸福，38% 的人认为老人不幸福，24% 的人认为多重残障的人不幸福。从上述报告中，我们看到大部分美国人是幸福的，无论客观环境如何，但他们同时都低估了其他同胞的幸福指数。

在 1967 年，关于幸福的研究刚刚开始，沃纳·威尔逊（Warner Wilson）回顾文献后发现，当时心理学界认为幸福的人是这样的：

- 高薪。
- 已婚。

- 年轻。
- 健康。
- 受过良好的教育。
- 无论男女。
- 无论智商高低。
- 有宗教信仰。

后来证明，上述研究并不完全正确。我现在就用过去30年的研究发现，来分项讨论这些外在因素如何影响幸福感，有些结果可能会令你大吃一惊。

金钱

我曾经富有过，也尝过贫穷的滋味，还是有钱好。

——索菲亚 · 塔克（Sophie Tucker）

金钱买不到幸福。——谚语

上面两句看似矛盾的话却都是正确的，有一大堆文献告诉你，金钱如何影响幸福感。在一个研究范围最广的研究中，研究者比较了富有和贫穷国家人民的主观幸福感，下面是在40个国家（每个国家有1 000多人参与）中进行的生活满意度调查的结果，请你也想想自己的答案。

你对近来日子的满意度如何？分值为1～10（1代表很不满意，10是很满意）。

表4-1列出了各个国家人民的平均满意度[①]，购买力是以美国为100分，其他各国与其进行比照后，得出了调整值。

① 文中的满意度和引用的2001年左右的统计数据。——编者注

表 4-1　各国人民生活满意度与购买力调查统计[①]

国家	生活满意度	购买力	国家	生活满意度	购买力
保加利亚	5.03	22	德国	7.22	89
俄罗斯	5.37	27	阿根廷	7.25	25
帕劳	5.52	30	中国	7.29	9
拉脱维亚	5.70	20	意大利	7.30	77
罗马尼亚	5.88	12	巴西	7.38	23
爱沙尼亚	6.00	27	智利	7.55	35
立陶宛	6.01	16	挪威	7.68	78
匈牙利	6.03	25	芬兰	7.68	69
土耳其	6.41	22	美国	7.73	100
日本	6.53	87	荷兰	7.77	76
尼日利亚	6.59	6	爱尔兰	7.88	52
韩国	6.69	39	加拿大	7.89	85
印度	6.70	5	丹麦	8.16	81
葡萄牙	7.07	44	瑞士	8.36	96
西班牙	7.15	57			

这项跨国的大型调查显示：塔克并没全错，购买力强的国家，人民生活满意度也高；一旦国民收入超过人均 8 000 美元之后，这种相关性就开始消失，财富的增加并不能继续增加生活的满意度。所以富庶的瑞士国民比穷困的保加利亚人更幸福，但是与爱尔兰、意大利、挪威或美国人比起来就不一定了。

财富和生活满意度的关系也有很多例外：巴西、阿根廷在生活满意度上都高于它们购买力所预测的值；苏联解体后成立的几个国家的生活满意度则都低于它们购买力所预测的值，日本也是一样。巴西和阿根廷的文化传统，可能支持了它们国民的积极情绪，而东欧国家在苏联解体后所面对的健康和

① 表 4-1 中的数据引用的是 2000 年左右的资料。——编者注

社会保险等问题，可能拖累了国民对生活的满意度。日本人的不满意比较难解释，而最穷的几个国家，如印度、尼日利亚等都有较高的生活满意度，也是比较奇怪、不容易解释的。

整体而言，这份资料告诉我们，金钱不一定能买到幸福。20 世纪的后 50 年，富庶国家购买力的改变也带给我们同样的信息：美国、法国和日本实际购买力已经翻了一倍，但是生活满意度却没有变化。

有时跨国的比较很难找出真正的原因，因为富有国家同时也有较高的识字率、较好的健康状况、较高的教育水平以及较丰富的物质和精神生活。比较同一国家穷人和富人的幸福程度也许更能找出真正的原因。你可能常常问自己这个问题："钱多点可以使我更幸福吗？"尤其在你无法决定该留在家中陪孩子玩，还是去办公室加班的时候。在贫困的国家，当贫困威胁到生存时，有钱绝对可以带来幸福；但是在富庶国家，当每个人都有基本生活保障时，财富增加所能带来的幸福效果就微乎其微了。在美国，非常穷的人的确很不幸福，但是一旦实现温饱后，金钱的增加只能增加一点或甚至不能增加幸福感。跻身《福布斯》富豪榜的前 100 位富人，只比普通美国人幸福一点点而已。

那么极端贫穷的人呢？有一位业余科学家罗伯特 · 比斯瓦斯 - 迪纳（Robert Biswas-Diener）[①] 曾经环游世界，到大家认为最不可能获得幸福的地方去寻找幸福，他去了加尔各答、肯尼亚的乡下、加州中部的佛雷斯诺及格陵兰的冻原。其间，他调查过 32 名加尔各答的妓女及 31 名睡在路边的流浪汉对生活的满意度。

---

① 罗伯特 · 比斯瓦斯 - 迪纳是美国波特兰州立大学讲师，《幸福研究》与《积极心理学》的编委会成员。在《消极情绪的力量》一书中，他告诉我们，消极情绪也有强大的积极力量，适度的"坏"其实是一种自我保护，能让人更有安全感，也更能激发正能量。该书中文简体字版已于 2018 年由湛庐文化引进、浙江人民出版社出版。——编者注

> 凯帕娜是一位 35 岁的妓女，她当妓女已有 20 年了，母亲去世后，她不得不做这行来养活兄弟姐妹。她一个月回乡探视家人一次，她 8 岁的女儿也住在乡下。凯帕娜独自居住，工作地点是一间窄小的水泥房，里面有床、镜子、一些碗筷及印度神像，收取每位顾客 2.5 美元的服务费。

我们一般会认为加尔各答的穷人一定对生活极不满意，令人惊讶的是，事实并非如此。整体来说，他们对生活是不满意的（1 ～ 3 的分值中，他们的得分是 1.93），比加尔各答的大学生（2.43）低，但在生活的其他层面，他们的满意度挺高，例如，道德（2.56）、家庭（2.50）、朋友（2.40）、食物（2.55），而满意度最低的是收入（2.12）。

> 凯帕娜担心同村的朋友会看不起她，但她的家人并没有鄙视她，每个月回家的时候是她最幸福的时光，她对自己能赚钱给女儿请保姆，让孩子有房住、有饭吃而感到满足。

当比斯瓦斯 - 迪纳比较加尔各答和加州佛雷斯诺的流浪汉时，发现两者有很大的差别，加尔各答的流浪汉比较有幸福感。在他访谈的 78 名加州流浪汉中，生活满意度的平均值很低（1.29），比加尔各答的流浪汉还低（1.60）。有几项的满意度属于中等，如智慧（2.27）、食物（2.14）；但在大多数项目上是非常不满意的，如收入（1.15）、道德（1.96）、朋友（1.75）、家庭（1.84）及居住条件（1.37）。

虽然这些数据来自小样本，但着实让人惊讶，无法让人不去思考这是为什么。整体来说，比斯瓦斯 - 迪纳的报告告诉我们，极端的贫穷是社会的病态，在这种环境中的人的幸福感最低，但即使如此，这些人还是能从他们的生活中找出一些满意的事情来（加尔各答的穷人比美国的穷人对生活更满意）。假如这是正确的，我们就更有理由去努力消灭贫穷，包括缺少就业机会、高婴儿死亡率、不卫生的居住和饮食条件等。那个夏天，比斯瓦斯 - 迪纳又去格陵兰的最北端，研究当地因纽特人的幸福情况。

你对金钱的看法实际上比金钱本身更影响你的幸福。物质主义似乎有反作用：在所有阶层中，越看重钱的人对他们的收入越不满意，也对他的生活越不满意；至于为什么会如此，现在还没有人知道。

婚姻

有人说婚姻是脚镣和手铐，但也有人说它是永恒的幸福。当然两者都不对，一般来说，实证数据支持的是后者。婚姻不像金钱，婚姻跟幸福的关系非常强。美国的全国民意研究中心（National Opinion Research Center）在过去的30年间调查了35 000名美国人，40%的已婚者说他们“非常幸福”，而只有24%的未婚者、离婚者、分居者或丧偶者说他们幸福。未婚同居在美国这个注重个体主义的文化中是能带来幸福的，但在日本和中国的集体主义文化中则更可能无法带来幸福。这种幸福效应在剔除了年龄、收入后依然存在，而且没有性别差异。但是，丹麦哲学家祁克果（Sóen Kierkegaard）对不美满婚姻的观点——“恶婚不如好死”，其实也有些道理。处于不幸福婚姻中的人，他们的幸福指数比未婚的或离异的更低。

那么你是否应该赶快找个人结婚呢？这只有在结婚真的能带来幸福时，你才应该这样做。你还要考虑另外两种可能性：有幸福感的人比较容易找到对象结婚；某些无关变量，例如，外表的英俊或美貌及社交的手腕等，可能是婚姻幸福和比较容易结婚的原因。没有幸福感的人比较退缩，容易发怒、脾气不好、以自我为中心，所以他们本来就不易交到朋友。就我的看法，婚姻与幸福的相关性并没有定论。

社交生活

在我们研究非常幸福的人时，比斯瓦斯－迪纳和我发现，最幸福的前

10% 的人几乎都有亲密的生活伴侣，只有一个人没有。我在前面谈到过，非常幸福的人和一般人、不幸福的人之间最大的差别在于他们有着非常充实丰富的社交生活。非常幸福的人也是最少独处的人，他们花很多时间在社交上，朋友和他们对他们自己的最高评价都是：人缘好。

幸福的人的好人缘很可能是婚姻美满的原因，而喜欢交朋友的人更容易找到结婚对象，两者很难区分因果关系。所以充实的社交生活（和婚姻）很可能使你比较幸福，但也可能是本来就比较幸福的人更容易交到朋友，所以才会有充实的社交生活，当然，这种人也更容易找到结婚对象。此外，也可能还有其他因素，像比较外向或口才好等，都是使社交充实并获得幸福的原因。

消极情绪

为了增加生活中的积极情绪，你是否应该想办法减少生活中的糟糕事情，以去除消极情绪呢？这个问题的答案出人意料。跟大多数人的想法正相反，遭遇不幸与打击并不表示你不能享有很多的幸福。目前有许多证据显示，积极和消极情绪其实并不是反向关系。

芝加哥大学荣誉教授诺曼·布拉德伯恩（Norman Bradburn）曾经调查过几千名美国人对生活的满意度，也问了他们积极情绪和消极情绪出现的次数。他本以为会发现一个反向的关系，即常有消极情绪的人应该很少有积极情绪，反之亦然。但结果并非如此，而且同样的结果被不同的实验反复证明了很多次。

积极和消极情绪之间只有一点负相关。也就是说，假如你的生活中有许多消极情绪，你会比一般人少一点积极情绪，但并不是说，你就活得不幸福。同样，假如你生活中有许多积极情绪，它只能多保护你一点，使你不那么难过忧伤。

这个现象还有性别上的差异。过去大家都认为，女性比较容易陷入消极情绪，所以女性患抑郁症的风险才高达男性的两倍。但是，当研究者开始检视积极情绪和性别差异时，他们很惊讶地发现，女性也会体验到很多的积极情绪，甚至比男性更频繁，情绪也更强烈。就如畅销小说家斯蒂芬·金（Stephen King）所说，男性是“硬土”（stonier soil）做的，而女性比较情绪化。这个差异是源于生理，还是源于女性比较愿意述说强烈的情绪，目前还没有定论，但是无论如何，它打破了旧观念。

古希腊词 soteria 是指极强烈的、不合理性的幸福感；与之相反的词是 phobia，意指极强烈的、不合理的恐惧。从字面上来说，soteria 来自葬礼后的盛宴，也就是说，最强烈的幸福感来自我们最大恐惧的解除。

概括来说，积极情绪和消极情绪并不是对立的。它们是什么关系？为什么是这样？我们现在还不知道，这也是积极心理学面临的一个最大挑战。

年龄

在 1967 年威尔逊的调查中，年轻人比较幸福，但现在已经不是这样了。我们一般人的刻板印象是：老人拄着拐杖，抱怨着每一件事情，这其实跟真实情况不符。有一项对 40 个国家的 60 000 名成人进行的研究，该研究将快乐分成三个部分：生活的满意度、愉快的情绪及不愉快的情绪。研究发现，随着年龄的增长，生活满意度略微上升，愉快的情绪略微下降，而不愉快的情绪则没有改变。当我们年老时，改变的是我们情绪的强度。“感觉站在世界顶端般的幸福感”和“掉入万丈深渊般的不幸感”到老的时候都比较少了。

健康

我相信你会认为健康是幸福的重要条件，因为健康向来被视为是人生中最重要的一项因素。但是研究结果发现，客观意义上的身体健康与幸福的相关刚达到显著性（即有相关但很小），相关更大的是我们主观上对自己健康状态的认知。就医或住院并不影响我们对生活的满意度，只有主观的健康才跟幸福有关，而主观的健康也受消极情绪的影响。很奇怪的是，即使是癌症末期的患者，整体生活的满意度与客观上健康的人相差无几。

当病得很严重又拖了很久时，幸福感与生活的满意度的确会下降，但是下降程度仍然没有你想象的那么大。因某一病症，如心脏病住院的人，他在下一年度幸福的指数其实是上升的；但是有五种以上毛病的人，他的幸福指数是下降的。所以，身体有点不好并不会让你感觉不幸福，但是严重的疾病会让你不幸福。

教育、气候、种族和性别

将这几个因素放在一起，是因为它们都不太会影响幸福。虽然受教育是拿高薪的手段，但它并不是获得幸福的手段，它只对收入很低的人有一点影响。智慧也不会影响幸福感，晴朗、温暖的气候的确对季节性抑郁症有帮助，但是幸福程度并不会因气候而改变，在内布拉斯加面对严冬的人认为住在阳光加州的人一定比较有幸福感，但他们错了，人们很快就适应了好气候，便不觉得特别幸福了。所以你的住在热带群岛上就一辈子都享有幸福的梦想可能不会实现，至少你不会因为气候好就觉得幸福。

种族，至少在美国，跟幸福没有关系。虽然非裔美国人与墨裔美国人在经济上处于劣势，幸福的程度也没有白人高（除了老人之外），但是他们得抑郁症的比例却比白种人低很多。

我前面说过，性别跟情绪有关系。一般来说，男性和女性在平均值上没有差别，但是女性的幸福感和不幸感都比男性强烈。

宗教

学术界对信仰的观点认为，它制造了人的罪恶感、压抑性欲、不容异己、反科技、反学术，而且很专制。19 世纪 80 年代，有关积极心理学与信仰的关系的资料出来后，人们有了不同的看法。有信仰的美国人的确较少吸毒、犯罪，离婚率和自杀率也较低。他们也比较健康，寿命较长。有宗教信仰的人不太会受离婚、失业、生病和死亡等打击的影响。调查资料显示，有宗教信仰的人比无神论者的生活满意度更高，也更幸福。

宗教和健康、社交能力的因果关系并不奇怪，许多宗教都禁止吸毒、犯罪和通奸，都赞成助人行为、不纵欲及努力工作，但宗教跟较快乐、没有抑郁症和较具抗压性之间的因果关系并不那么确定。在行为主义极盛的时期，宗教被当作社会支持，有信仰的人都要做礼拜，这使他们形成了一个相互支持的团体，所以信徒会觉得比较幸福。但是，我认为这中间还有更基本的关系：宗教带给信徒希望，因为对未来有希望，所以使现在的生活更有意义。

席娜 · 伊加尔（Sheena Iyengar）是我所认识的最了不起的大学生之一。她是盲人，但在宾夕法尼亚大学读书的最后一年，她横穿美国去收集学士论文的资料。她一家一家地探访教堂，测量乐观与宗教信仰之间的关系。她发问卷给做礼拜的人，录音并且分析牧师的布道，仔细检视 11 种美国盛行的宗教仪式及讲给孩子们听的故事。她的第一个发现是：越是正统教派的信徒越乐观——信奉东正教的犹太人和正统的基督徒、回教徒，比改革派（Reform）的犹太人和唯一神论者（Unitarian）更乐观。进一步分析下去，她发现乐观的增加主要是因为希望的增加。14 世纪中叶，英国神学家朱利安（Julian）在黑死病猖獗时所唱的灵歌，是所有文献中最美妙的歌词。

> 但一切都会过去，一切都会平安，一切都会圆满……上帝并没有说："你们不会被诱惑，你们不会受分娩之苦，你们不会生病。"他说的是："你们不会被打倒。"

对未来充满希望与宗教信仰之间的关系，可能是信仰为什么能抵抗绝望、增加幸福感的最主要的基石。意义和幸福之间的关系我在最后一章会谈到。

现在你知道了，每个人可能都有一个掌管总的幸福范围的基因，本章要问的问题是：你如何改变生活环境，使你达到自己天生幸福范围内的最高点？直到最近，我们都认为幸福的人是收入丰厚、婚姻美满、年轻、身体健康、受过高等教育和有信仰的人，所以下面我会将影响幸福的外在生活环境变量（C）做个总结（参见章末"塞利格曼的解答"）。

无疑，你应该已经注意到有关系的因素有些不可能改变，有些不方便改变。即使你可以改变所有的外在因素，它对你可能也没有很大帮助，因为它们全部加起来也只能解释 8% ～ 15% 的幸福。幸好还有很多内在的因素可以帮助你得到幸福，所以我们接下来就来讨论那些你比较有控制权的变量。你如果能改变它们，你的幸福程度就会大幅上升，而且持久。不过，这些改变都需要真正的努力才能实现。

塞利格曼的解答

Authentic Happiness

1. 当你完成第 57 页的总体幸福测验后，你就知道自己的总体幸福水平了。
2. 坏消息是你的幸福感有一半是基因决定的，好消息是还有一半的掌控权在你手中。
3. 为了更幸福，你应该做下面的事。

◆ 住在富有的民主社会里，不要住在贫穷的极权社会里。（与幸福有紧密的关系）
◆ 结婚。（有紧密的关系，但可能不是因果关系）
◆ 避免消极事件和消极情绪。（有一点关系）
◆ 社交丰富，朋友多。（有紧密的关系，但可能不是因果关系）
◆ 有宗教信仰。（有一点关系）

就幸福和生活的满意度而言，你不需要去做下列事情。

◆ 赚更多的钱。（钱与幸福只有一点或几乎没有关系，如果你生活无忧，有闲钱买这本书的话，钱对你的幸福就没有任何效应，物质欲越高的人越不幸福）
◆ 保持健康。（主观的健康才有关系，客观的健康没有用）
◆ 尽量去接受教育。（没有任何关系）
◆ 改变你的种族，或搬到气候温暖的地方。（没有任何关系）

第 5 章

塞式幸福法则 1：过去的就让它过去

你没有任何理由
将自己的抑郁、焦虑、婚姻不幸、失业等问题怪罪到童年事件上去。

我们的困惑

1. 过去的创伤会让我的未来也成为悲剧吗？我真的难逃宿命吗？
2. 发泄愤怒和压抑愤怒，哪个更有利于心脏健康？
3. 当我回想过往的时候，常感到沮丧、痛苦、怨恨的元凶是什么？
4. 通过哪两种方法可以让我满意地、骄傲地、平静地对待过去？

你能生活在自己幸福范围的最高点吗？有哪些可控的变量（*V*）可以促进我们产生实质性的改变，从而获得更持久的幸福？

积极情绪可以是有关过去、现在和未来的。对未来的积极情绪包括乐观、希望、信心和信任；对现在的积极情绪包括欢乐、狂喜、平静、热情、愉悦和心流体验（这点最重要），这些情绪是人们在谈到幸福时常用的字眼；对过去的积极情绪包括满意、满足、成就感、骄傲和平静。

以上三种情绪是不同的，而且不一定紧密联系，这一点很重要。虽然我们希望在过去、现在和未来都很幸福，但世事常不遂人愿。例如，我们可以对过去很满意、很骄傲，但是现在却很不好，而且对未来很悲观。同样，你也可能现在拥有很多幸福，但对过去充满了怨恨，对未来也感到无望。当你拥有这三种不同的幸福时，便可以通过改变对过去的看法、对未来的希望及对现在的体验，来将自己的情绪导向积极。

我先从过去开始。请你先做下面的测验或是登录网站（www. authentichappiness. org）做测验，网站会告诉你，你与同龄的、同性别的、做同样工作的人比较起来情况如何。

测一测你的生活满意度

生活满意度测验

你可以赞同也可以不赞同下面的五个句子，并用 1 ～ 7 的分值来表示你对每一个句子的赞同程度。7 = 非常同意；6 = 同意；5 = 有点同意；4 = 既不同意也不是不同意；3 = 有一点不同意；2 = 不同意；1 = 非常不同意。

______ 大致来说，我的生活很符合我的理想。

______ 我对我的生活现状真是满意极了。

______ 我对我的生活完全满意。

______ 我已得到了生活中我想要的重要东西。

______ 假如我可以重活一次，我也不会对我的生活做任何改变。

合计总分：

30 ～ 35 极满意，比平均水平高出很多。

25 ～ 29 很满意，在平均水平之上。

20 ～ 24 有点满意，处于美国成人的平均值。

15 ～ 19 有点不满意，低于平均值。

10 ～ 14 不满意，低于平均值。

5 ～ 9 非常不满意，比平均值低很多。

数以万计不同国家、不同文化的人都做过这个测验，下面是得到的一些代表值：美国老年人中，男性的平均值为 28，女性为 26。北美洲大学生的分值为 23 ～ 25；东欧及中国学生的分值为 16 ～ 19。男性犯人与医院患者的平均值均为 12。有心理疾病但未住院者的分值为 14 ～ 18，受虐妇女及老年人看护者为 21，这数字很令人惊奇。

对过去的情绪可以是满足、骄傲和平静，也可以是怨恨、愤怒，这些情绪完全由你对过去的看法来决定。思维和情绪的关系是心理学中最古老、最有争议的论题，而垄断 20 世纪前 70 年的弗洛伊德学派的看法是，思维内容由情绪决定。

> 弟弟无心随口恭喜你的升迁，但这却让你感到一阵愤怒。你的思维像怒海中的一叶扁舟，你嫉妒他，因为他取代了你在父母心中的地位，你再也感觉不到父母的关爱。你的思绪继续在忽略和蔑视的记忆海洋中漂流，最后你得到一个解释——你被那个一文不值、被父母宠坏的小鬼给欺负了。

很多文献都支持上面的看法。当一个人沮丧时，他比较容易唤起悲伤的记忆，而不会想起幸福的往昔。同样，你也很难在一个干燥、炎热、万里无云的夏天午后，去想象刺骨的寒风。如果给被试注射含有可的松的药物，则会引起被试肾上腺素的分泌，引发害怕、焦虑的感觉，使这个人感到大难临头了（虽然根本没有任何危险）。呕吐和反胃会使你把这个现象与自己最后吃的东西联结起来，于是永远不敢再吃，即使后来知道不是饮食出错而是因为感染了肠胃炎，你也仍然不敢再吃那种食物。

20 世纪 70 年代，认知心理学的革命推翻了弗洛伊德和行为主义，至少在学术界是这样。认知科学家认为思维可以作为科学研究的题目，可以进行测量，最重要的是，它并不反映情绪或行为。亚伦·贝克这位认知疗法的始祖认为，情绪是由认知所激发的，而不是情绪激发认知。因为想到危险所以焦虑，想到失落所以悲伤，想到被侵犯所以愤怒。当你感到自己陷入上述三种情绪中的一种时，请仔细留意一下，你便会发现导向这种情绪的思维。有许多实验证据都支持这种看法。一个沮丧的人满脑子都是过去不愉快的回忆，对未来的绝望，或是对自己能力的怀疑。学习如何去反驳这些悲观的解释可以使你脱离沮丧，效果跟服用抗抑郁症的药一样有效，而且还比较不容易复发。有惊恐障碍的人通常会错误地解释身体状况，把心跳快、喘气急解释为心脏病或中风，所以可以通过让他们明白发生在他们身上的是焦虑的症状，而不是心脏病的前兆，从而治愈他们的惊恐障碍。

在心理学上有两种对立的看法一直无法和解。一种是绝对的弗洛伊德观点，认为情绪是思维的动力，另一种死硬的认知观点则认为思维启动情绪。证据则显示在不同的情况下，两者会互相启动对方。因此 21 世纪的心理学问题是：在什么情况下，情绪启动思维；又在什么情况下，思维启动情绪？我并不想提出完整的答复，仅提出与本文有关的内容。

我们的情绪有时是立即反应式的，例如感官的愉悦，它不需要思考和解释就可以启动。当你身上沾满泥巴时，一个热水浴能让你通体畅快，你并不需要去想“泥巴洗掉了”才会感到愉悦。相反，所有过去的情绪都是由思维和解释所启动的。

- 琳达和马克离婚了。每次听到马克的名字，琳达就马上想起马克背叛了自己。琳达会感到一股炙热的愤怒，而这时两人已经离婚 20 年了。

- 当阿布都这位住在约旦的巴勒斯坦难民想到以色列时，他马上会想起自己绿油油的橄榄园现在被犹太人占据了，因而感到无比的痛恨。
- 当阿戴拉回首前尘时，她感到很平静、很骄傲，她克服了很多不幸的遭遇，但终于苦尽甘来。

在上面每一段故事中，一个解释、一段回忆或一个思想的介入，都引起了某种情绪。了解这一点后，你就明白自己为什么对过去有某种情绪了。更重要的是，它是帮助你避免教条，不让自己被过去桎梏，不让自己成为过去的囚犯的钥匙。

切忌沉溺在过去

你相信你的过去会主导你的未来吗？这不是无聊的哲学问题，只要你认为过去会主导未来，你就会变成一艘被动的船，不会主动去改变航程。这种想法是很多人惰性强的原因，具有讽刺意义的是，它竟然是由两位伟大的思想家达尔文和弗洛伊德所奠定的。

达尔文的看法是：我们是远古以来一系列胜利的产物。我们的祖先之所以能够成为我们的祖先，最主要的原因是他们打赢了两场战争——生存和交配。我们是所有祖先能适应环境的特质的聚集，这些特质使我们能存活到现在，并让我们通过生育把成功的好基因传下去，这使我们相信未来要做的事已由祖先所决定。达尔文无意中成为“把自己监禁在过去”的观点的始作俑者，弗洛伊德却是有意地、主动地推动这个观点。

弗洛伊德认为，我们一生中每一个心理事件，即使是微不足道的小事，好比说开玩笑或做梦，都是由我们的过去决定的。童年不只是一个形式，它决定了我们成年后的人格。我们被钉死在童年阶段，在童年时许多问题未能解决，所以我们花一生的时间想去解决这些性与攻击的冲突，但都徒劳无功。在药物革命之前[①]，在行为与认知疗法盛行之前，心理分析师和精神医生主要的治疗时间都花在回忆患者的童年事件上，即使到现在，谈话治疗可能依然是主要的治疗手段。“内在的孩子”运动告诉我们，童年的创伤虽然不是我们的错，也不是性格使然，但却是我们长大成人后诸事不顺的原因，只有找到童年的创伤，才能从麻烦的状态中恢复过来。

童年创伤不是一生的诅咒

我认为这些看法太过重视童年的重要性了。事实上，我认为历史并没有那么重要。没有任何实验支持童年事件会影响成人的人格，也没有任何证据指出过去能决定未来。20 世纪 50 年代，许多研究者都热衷于找出童年决定成人发展的证据，他们以为可以找到很多童年不幸而造成以后毁灭性结果的证据，例如父母身故、父母离婚、童年得重病、被虐待、被忽视、遭到性侵犯等都会造成成年期的行为失常，但经过大规模地调查成人心理健康水平和童年不幸的关系后发现，结果并不如研究者所预期。

虽有一些支持的数据出现，但并不多。举例来说，假如母亲在你 11 岁以前去世，你长大后比较容易抑郁，但并没有很抑郁，而且你必须是女性，而这种效应也只在一半的研究中出现过。至于父亲的去世，对你则没有任何可测得出的影响。如果你的父母离婚了，对童年晚期及青春期会有一些干扰效应，但随着你的长大，这些问题便逐渐消失，到成年后便没有什么影响了。

童年时的大灾难可能对成年后的性格有一些影响，但是也仅是少数，且不易察觉。简单来说，童年的不幸不能决定长大后会出现什么样的问题，你没有任何理由将自己的抑郁、焦虑、婚姻不美满、吸毒、性问题、失业、攻

① 现在的精神医学叫作生物精神医学，药物与心理治疗双管齐下。——译者注

击性、酗酒或暴怒，都怪罪到童年发生的事件上去。

很多这类研究在研究方法上通常会有欠缺，研究者在热衷于支持弗洛伊德的理论时，忘记了控制基因变量。1990 年以前，这些研究者被他们的偏见所蒙蔽，没有看到暴力的父母可能会把暴力倾向基因遗传给他的孩子，所以孩子长大后虐待自己的孩子或犯下刑事罪行，这很可能是由于先天因素而不是后天造成的。现在有研究调查一出生便被不同家庭收养的同卵双胞胎，等到成年后观察他们的人格异同，这种研究便控制了基因，因为同卵双胞胎的基因是一模一样的。也有研究调查被收养孩子长大后的人格倾向，将它与亲生父母与养父母的人格特质做比较。这些研究都发现，基因对人格有很大的影响，而童年事件的影响却微乎其微。

这些都表明弗洛伊德跟他的追随者所强烈主张的童年事件决定成年后人格的说法是完全不对的。特别强调这一点，主要是因为我相信有很多读者沉溺于他们的过去而对未来采取被动的态度。只要知道一个事实——早期的事件对成人生活没有或只有一点点影响就足以解放很多人的心灵，而这正是本章的重点。所以如果你认为自己的过去迫使你走向一个不快乐的未来，那么现在你有足够的理由丢弃这种说法了。

常常查看伤口不利于愈合

另外一个很多人相信并最终成为“教条”的说法是情绪动力说（hydraulics of emotion）。这一理论也将人禁锢到他的过去中。当弗洛伊德提出这个说法时，他并没有提供支持的证据，也没有人质疑这个说法的正确性。情绪动力学事实上就是心理动力学（psychodynamics），也是弗洛伊德理论的名称。弗洛伊德把情绪看成一个系统内的力量，这个系统有一层薄膜，好像气球一样，假如你不让自己把这个情绪表达出来，它就会想办法从别的地方钻出来，通常是出现一种不好的行为。

在抑郁症领域，否定上述理论是经过一番奋斗的。贝克发明了认知疗法，这是目前以谈话治疗抑郁症的方法中，用得最广泛、也最有效的方法。当贝克发明这个方法时，我正巧在场。1970—1972 年，我在精神科实习，贝克是我的老师。他回忆 20 世纪 50 年代末，他正进行弗洛伊德学派的训练，被指派去做抑郁症患者的团体治疗，心理动力学的观点是治疗者可以治愈抑郁症患者，只要你能使他们打开心胸，畅谈他们童年的事，让他们把压抑的情绪宣泄出来，他们的伤口就会愈合。

贝克发现抑郁症患者都很愿意说出自己过去的错事或伤害，而且可以说很久。问题是每说一次过去，伤口就被拉开一次，而且越说越纠缠不清，偶尔还会引发患者自杀。所以他发展出认知疗法，使人们不再受过去不幸遭遇之苦，改变他们对现在和未来的看法。认知疗法的疗效跟抗抑郁药物一样好。更有效的是，一旦改变了人的想法，抑郁症便不会复发，所以我认为贝克是个伟大的心灵解放者。

愤怒是另一个使心理动力学受到仔细检验的话题。美国与东方的文化很不一样，美国社会是一个有话直说的社会，美国人注重诚实、正义，甚至认为发泄愤怒是有利于健康的。美国人之所以勇于表达愤怒，从某种程度上说是因为相信弗洛伊德的理论，认为假如不发泄出来，这股愤怒就会从别的地方冒出来，通常破坏力更大，甚至会引起心脏病。但这个理论其实是错的，事实正好相反，沉溺在过去及发泄愤怒会引起更多的心脏病及更多的愤怒。

研究显示，敌意、愤怒是 A 型人格的人易得心脏病的元凶，而有急迫感、竞争性和压抑怒气与 A 型人格的人得心脏病并没有什么关系。有一项研究，对 255 名医学院学生进行了外显敌意的人格测验，发现 25 年以后，最易愤怒的人得心脏病的概率是最不易愤怒者的五倍。另一项研究的结果是，心脏病发作概率最高的人，是被迫等待时抱怨声最大、最不耐烦、最愿意把愤怒发泄出来的人。在实验室中，当男性把愤怒压抑下去时，他的血压其实是下降的，当他把愤怒表达出来时，他的血压就上升了。女性表达愤怒时也会使她的血压上升，相反，以友善的方式处理侵犯行为时，血压会下降。

我希望提出一个更符合实验证据的观点来看情绪。在我看来，情绪的确是被一层膜包裹着，但这是一张可以穿透的膜，这叫作适应（adaptation）。证据显示，当积极和消极事件发生时，我们会暂时出现情绪溢出，但很快情绪便会回到原来的设定范围。这样，我们就知道了，如果不去管情绪，情绪会自己消散，能量从膜中渗出，经过一阵子的情绪渗透作用（emotional osmosis）后，这个人便又回到了原来的情绪状态。所以无论是把情绪发泄出来，还是一直在情绪中挣扎，都会使情绪发酵好几倍，把你禁锢在一个恶性循环中，徒劳无功地处理已经发生的错事。

对过往的美好时光不能心存感激和欣赏，对过去的不幸夸大其词、念念不忘，这两种行为是我们得不到平静、满足和满意的罪魁祸首。有两种方法可以逃离这种误区—**感恩**和**宽恕**。

感恩，让生活大不同

我们从最好的“感恩测验”开始，这个测验是迈克尔·麦卡洛（Michael McCullough）和罗伯特 · 埃蒙斯（Robert Emmons）这两位专门研究感恩和宽恕的大师设计的。当你做完以后，请不要把分数丢掉，因为后面还会一直谈到它。

我们以 1 224 个成人样本的平均值为基准，来看一下你的成绩。假如你的分数在 35 以下，你的感恩指标就落在后四分之一；如果分数为 36 ～ 38，就落在样本群的后二分之一；分数为 39 ～ 41，则落在前四分之一以内；如果你得到 42 分，你就进入前八分之一的行列了。女性的分数略比男性高一点，年长者的分数略比年轻人高一点。

感恩测验

请用下面的数字表达出你对每一个句子的赞同程度。1 = 非常不同意；2 = 不同意；3 = 有一点不同意；4 = 中立；5 = 有一点同意；6 = 同意；7 = 非常同意。

______ 1. 我生命中有许多值得感谢的事情。

______ 2. 如果要我列出值得感谢的每件事，这张单子会很长。

______ 3. 我看不到这世界有什么值得感谢的事情。

______ 4. 我对很多人都很感激。

______ 5. 我年纪越大，越感到生命中有许多人、事、物对我有帮助，他们都成为我生命历程的一部分。

______ 6. 要经过很长一段时间，我才会对某人或某事产生感激之情。

计分方式

1. 请将第 1、2、4、5 题的分数加起来。

2. 颠倒第 3 题和第 6 题的分数，也就是如果你填 7 就把它改成 1，如果你填 6 就改成 2，以此类推。

3. 把改后的第 3 题和第 6 题的分数加到第 1 步的总和中，这就是你的感恩测验分数。你的分数应为 6 ～ 42。

我在宾夕法尼亚大学教心理学已经 30 多年了，教过的课有普通心理学、学习、动机、临床及变态心理学等。我很喜欢教书，但从来没有感到像教授积极心理学那样有乐趣，因为在这门课中，我可以叫学生去做真实的调查，这很有意义，甚至能改变你的生活。

例如，有一年我出的题目是“做一些有趣的事及做一些有利于他人的事”。最不循规蹈矩的学生玛丽莎建议举办一场感恩之夜，每个学生都要带一位在他生命中很重要但他从来没有好好感谢过的人来，并且每个人都要上台说说为什么要感谢这个人，而这个人事先并不知道我们上课的目的。

一个月后的某个星期五的晚上，我带了些奶酪和酒来到课堂上，我们请了七位客人——三位母亲、两位好友、一位室友及一位妹妹，他们来自全国各地。为了可以在三个小时内结束，我们只能请三分之一的同学上台汇报。下面是派蒂对母亲说的话。

> 我们怎么评估一个人呢？我们可以用测量金子的方法来测量人的美德吗？我们能说 24K 金就比别的纯度的金子更闪亮、更耀眼吗？如果一个人的内在美德是这么简单，别人一眼就可以看到，我也不会在这里做这场演讲了。我要在这里向大家描述一个我所知道的最纯洁的人——我的母亲。我知道她现在正看着我。妈，别担心，也许你从没有被选为拥有最纯洁的心灵的人，但你是我所知道的最真诚的、内心最纯洁的人。
>
> 有一回，一个哀伤的陌生人打电话给你，跟你谈他死去的宠物，我很惊讶，因为你说着说着就哭了起来，好像你自己的宠物死了一样，你给予对方最大的安慰。当我还是孩子的时候，我感到很困惑。现在我明白了，这是你真诚的心在别人最需要的时候所付出的慰藉。
>
> 当我谈到这个我认为最好的人的时候，心中充满了欢乐。我认为一个人不要求别人对自己感恩，只希望别人喜欢和自己在一起就是最谦恭的行为。

当派蒂说完这段话时，班上的同学眼睛都湿润了，她母亲更是哽咽了。有一位学生事后说："感谢的人、被感谢的人以及观礼的人都在哭，我也在哭，只是不知道为什么我会哭。"在任何课堂上，哭泣都是一件不寻常的事，当每个人都在哭时，你知道那是因为有某件事触动了隐藏在人性中的最根本的东西。

吉多写了一首歌感谢好友米盖尔的友谊，他用吉他伴奏唱道：

> 我们都是男子汉，我不会说肉麻的话，
> 但是我要你知道我关心你。
> 你需要朋友时，你可以相信我；
> 只要你一喊，我会立刻到你面前。

莎拉对瑞秋说了下面这段话。

> 在我们的社会，当你搜寻楷模时，小孩常被忽略，我今晚特意带了一个比我年轻的人来到这里，我希望这能使你们重新考虑，可以做我们楷模的人一定比我们年纪大的假设。从很多方面来说，我很希望能够像自己的妹妹——瑞秋。
>
> 瑞秋是个外向的、健谈的孩子，我非常羡慕她的这种能力。虽然她年纪小，却从不害怕跟刚认得的人说话，当她还是刚会走路的小孩子时，就是如此。我妈妈带她出去总是非常担心，因为她会独自走开去跟陌生人说话。当我读高三时，瑞秋跟一群我都不熟的高三大姐姐交上了朋友，我既惊讶又嫉妒，这些人都是我的同学啊！当我问她是怎么跟那些我们都不太熟悉的小太妹交上朋友时，她耸耸肩说："有一天放学后，我们很自然地就聊了起来。"她那时才五年级……

学期末评估这门课时，很多人都写："10 月 27 日星期五的那个夜晚真令人难忘。”的确，感恩之夜已经成为这门课的高潮。我们的文化中缺少一种机制或方式，可以让我们自然而然地告诉别人我们是多么感激他，即使我们很想这么做，也会觉得不好意思。所以我现在教你两个感恩练习的第一个，它不仅适用于那些感恩测验分数低的或对生命不满意的人，也适用于所有其他人。

感恩练习

选一个对你生命带来重要影响的人，一个你从来没有机会好好向他道谢的人（不是你刚结识的恋人或是未来对你有好处的人），写一段感恩的话，一定要写够几页纸。这需要花些时间，我的学生和我发现，我们在坐公车、入睡前都会想怎么措辞。写好之后，请这个人到你家或者你去他家，这件事最重要的是面对面的表达，而不是写封信或打个电话。不要告诉这个人你为什么去看他。你不一定要带礼物，但一定要带上你写的文章。寒暄完后，慢慢地、大声地将你写的文章念出来，眼睛要看着对方，念的时候要有表情，要给对方足够的反应时间。两人一起回忆让你觉得这个人对你如此重要的那件事（如果你因此十分感动，请寄一份副本给我：seligman@psych.upenn.edu）。

那个感恩之夜的影响极大，我不需要做实验就知道它的威力。很快，第一个有对照组的实验报告出现在了我的桌上。埃蒙斯和麦卡洛随机指派学生去写两周的日记，写下令他们心存感激的事情、令他们讨厌的事情，或仅是记录每天发生的事情。结果发现，写下感恩事件的那些学生，快乐程度和对生活的满意度都急剧上升。

所以，假如你在感恩测验上的分数很低，或者对生活不满意的话，以下是为你设计的第二个练习。

感恩练习

在未来两周里，每天晚上上床睡觉之前，留下五分钟的时间，回想过去 24 小时发生的事，把它写下来。然后另起一行，写下你生命中值得感恩的五件事，例如我还活着、朋友的慷慨、上帝赐给我的决心、慈爱的父母、健康的身体、滚石乐队（或其他你喜欢的艺术）。不要忘了，第一天先要做一次本章开头的“生活满意度测验”及第 4 章的“总体幸福测验”，并把分数记下来。14 天之后，再做一次这两个测试，比较第一天和第十四天的成绩。如果这个方法对你有效，请将它列为你每晚的必修功课之一。

宽恕与遗忘

你对过去的感觉，无论是满意、骄傲，还是痛苦、羞愧，完全取决于你的记忆。感恩能增加生活的满意度，这是因为它将过去好的记忆放大了。有一个对自己的母亲表达感激的学生写道：“妈妈说那天晚上令她永生难忘，这个作业给了我一个机会，终于让我能对她说出她对我的意义，接下来的几天，我们俩的情绪都很好，那天晚上的情景一直印在我的脑海中。”

这个学生在接下来的几天情绪好的原因是，母亲对她的好一直涌进她的意识，这些积极的思想引发了她的幸福感。同样的道理也可以应用到消极情绪上。离婚的妻子每次想到前夫，都会想到他的背叛和谎言。这种消极情绪会阻挡满足和满意情绪的出现，使平静和安宁变成了不可能的事。

为了确保我们在恶劣的环境中生存下来，进化使我们的大脑更多地保留了带有抗争特点的消极情绪，而不是具有扩展、建构功能但相对较脆弱的积极情绪。因此你必须重写大脑中的过去，宽恕、遗忘或压抑不好的记忆。目前并没有很好的方法可以直接忘却或压抑记忆，外显的压抑会导致反作用，反而使你不停地想那些不愿想的东西（例如，在五分钟内不要去想白熊）。所以只有宽恕可以在不改变记忆的情况下，转换、去除伤痛与仇恨。在我讨论宽恕之前，我们需要知道为什么人们会紧抓着过去的仇恨不放？为什么改写不幸的历史不是我们的天性？

不幸的是，有许多理由会让我坚守着痛苦、仇恨和伸张正义的想法，下面是我们无法去宽恕的理由：

- 宽恕不是正义，它使你失去动机去抓到凶手并严惩他，它使推动你帮助受害人伸张正义的愤怒消失。
- 宽恕是对凶手的仁慈，对受害者的不义。
- 宽恕阻挡了复仇，而复仇是正当的、天经地义的。

换个角度来看，宽恕可以将痛苦、仇恨转换成中性甚至积极的情绪，从而使生活的满意度提高。“你不原谅加害者也并不能伤害他，但宽恕却可以使你自由。”有证据表明，宽恕者的身体更健康，尤其是心血管方面，会比不肯宽恕者好。如果你的宽恕能带来和解的话，宽恕会大幅度增进你和被宽恕者之间的关系。

我在这里并不想和你争论宽恕的对与错，屈服于心中的怨恨是否值得。这种权衡的方式反映了你的价值观，而我的目标只是揭示不宽恕和生活满意度间的反向关系。

你的宽恕会带来多少幸福感不仅依赖于你的理性判断，同时也依赖于你的人格特点。这里是由麦卡洛和他的同事编制的一个测验，测验会让你明白自己对影响自己生活的罪过所持的态度。在做这个测试的时候，你要回想一个最近严重伤害了你的人，带着这种回想来完成下列条目。

作恶动机测验

作恶动机测验

请针对下面的问题，表达你对曾经伤害过自己的人的感觉和想法。我们想知道的是你对这个人现在的感觉，请圈选适当的数字。

	非常不同意	不同意	中立	同意	非常同意
1. 我要让他付出代价	1	2	3	4	5
2. 我尽量和他保持距离	1	2	3	4	5
3. 我希望他遭遇不幸	1	2	3	4	5
4. 我当他不存在，照样过自己的生活	1	2	3	4	5
5. 我不信任他	1	2	3	4	5
6. 我要他得到应得的报应	1	2	3	4	5
7. 我发现很难对他友善	1	2	3	4	5
8. 我尽量避免看到他	1	2	3	4	5
9. 我要一报还一报	1	2	3	4	5
10. 我会和他断绝关系	1	2	3	4	5
11. 我要看到他倒霉	1	2	3	4	5
12. 他出现的场合我不去	1	2	3	4	5

计分方式

逃避的动机

请将逃避的七个项目的分数加起来：2、4、5、7、8、10 和 12，你的分数是______。

美国人的平均分数为 12.6。假如你的分数在 17.6 以上，你就属于最愿意逃避的那 30% 的人；假如你的分数在 22.8 以上，那么你就位列最逃避的前 10%。如果你的这个测验的分数很高，那么下面的宽恕练习会对你很有用。

复仇的动机

请将复仇的五个项目的分数加起来：1、3、6、9 和 11，你的分数是______。

假如你的分数是 7.7，那么你和一般人差不多；假如你的分数超过了 11，那么你就属于最愿意复仇的那 30% 的人；如果你的分数在 13.2 以上，那么你就位列最愿意复仇的前 10%。假如你的复仇分数很高，你会觉得下面的宽恕练习对你非常有用。

如何宽恕

“妈妈被杀了，地毯和墙上都是血……”1996 年元旦的早晨，宽恕心理学家埃弗里特·沃辛顿（Everett Worthington）的弟弟麦克打电话告诉他这个骇人听闻的惨剧。当他来到妈妈家时，看到屋子已被翻得一塌糊涂。母亲惨死在地，他后来做到了宽恕，这是一件很不容易的事。我建议想宽恕而做不到的人去看他的书。他描述了五个步骤，称之为 REACH。

R 是**回忆**（recall），尽量以客观的方式去回忆伤痛，不要把对方妖魔化，也不要自怨自艾。深吸一口气，慢慢地把事情在脑海中再想一次。沃辛顿这样描述他如何想象当时的情景。

> 我想象两个年轻人准备抢劫一幢无人的房子…… 他们站在黑暗的街上，搜索着。“就这儿吧！”有一个人可能会说，“显然没有人在家，一点灯光都没有。”
>
> “门前车道上也没有车。”另一个说。
>
> “他们可能去参加除夕晚会了。”这两个人不知道母亲不会开车，所以车道上没有车。
>
> “啊，糟了，我被看到了，这个老女人从哪儿冒出来的，真是糟透了，事情不应该是这样的，她可能会认出我来，我会去坐牢，这个老女人会毁了我的一生。”一个年轻人一定这样想。

E 是**移情**（empathize），从加害者的观点来看为什么他要伤害你。这样做很不容易，但可以编一个故事，设想加害者如何解释他的行为。下面几点可以帮你想出理由：

- 当一个人感到自己的生命受到威胁时，他会伤害无辜的人。
- 攻击别人的人通常是一个胆怯、忧虑、曾受过伤害的人。
- 情境可能造成他加害于人，而不是出于他的本性。
- 在伤害别人时，人们通常不经思考，直接动手干。

A 是**利他**（altruistic），这也是很困难的步骤。请先回想一下你以前曾侵犯过别人，而对方原谅了你，这是别人给过你的礼物，你当时对这个礼物非常感激。所谓“施比受更有福”，下面这首小诗可以告诉你这个道理。

> 假如你想幸福……
>
> 有一小时，就去睡个午觉。
>
> 有一整天，就去钓鱼。

有一个月，就去结婚。

有一整年，就去继承一笔遗产。

有一辈子，就去帮助别人。

我们不应该为了自私的原因去宽恕别人，我们宽恕加害者是为了他好。告诉自己，你可以超越痛苦和报复，假如你不是心不甘情的宽恕，这种宽恕并不会使你心情宽松。

C 是**承诺**（commit）自己在大庭广众下宽恕对方。沃辛顿辅导的当事人会签下“宽恕证书”（certificate of forgiveness），会写信给加害者，在日记、诗歌、歌曲中写下宽恕，或是告诉一个可信赖的朋友，这些都是最终实现宽恕所必须做的事。

H 是**保持**（hold）宽恕之心。这也是一件很困难的事，因为记忆一定会再次回到你的脑海，宽恕并不是把记忆洗掉，而是把记忆所挂的标签换掉。有记忆并不代表不宽恕，只是不要在记忆中加入复仇的成分。提醒你自己，你已经原谅了他，然后重读你写的宽恕之信。

你可能觉得这样做很肉麻、很虚伪，但是至少有 8 个研究已对 REACH 模式的效果进行过测量，目前最全面也是最好的研究是由斯坦福大学的研究者卡尔 · 托雷森（Carl Thoresen）做的。他随机把 259 位被试分配到总时数为 9 个小时（每次 90 分钟，共 6 次）的宽恕工作坊和控制组，工作坊的训练内容与上述的五个步骤相似，特别强调从客观的立场去重写那些悲伤的故事。研究结果表明：愤怒与紧张越少；乐观和健康就越多。你越能宽恕，宽恕的良好效果就越明显。

真诚面对你的生活

要评估每一分钟的生活是件很不容易的事，但是正确掌握你的生活状况，会对你未来的决策很重要。一时的不幸福感和幸福感对你整个生活的品质影响不大，但它却会影响你的判断。最近的失恋会使你的生活满意度急剧下降，而最近的加薪却会提高你的生活满意度。

下面是我的做法。新年过后，我花了半个小时填了一份“一月份回顾”。我特意选了一个与引发极端情绪事件有一段距离的时间，并且在电脑上填写，因为我的电脑上有每年的资料，这样我就可以进行比较，我已经收集了十多年的资料。我在以下各个领域评估自己对生活的满意度，然后写几句话来总结我的感受。我的主要生活领域可能跟你的不一样，所以仅供你做个参考：

- 爱情。
- 事业。
- 财务。
- 休闲。
- 朋友。
- 健康。
- 成长性。
- 总体。

我还多设了一个项目来比较每一年的改变和这十年间的曲线。我强力推荐你也这样做，因为它能让你面对现实，不自欺欺人，并告诉你下一步该怎么做。罗伯逊·戴维斯（Robertson Davies）曾说过：“每一年都评估一下自己的生活，如果你发现这一年过得不够充实，那就改变你的生活，你会发现解决之道就在自己手中。”

本章讨论的是你可以通过控制变量（*V*）来使自己获得尽可能多的幸福，本章主要论述了影响过去的积极情绪（满意、满足、成就感、骄傲和平静）的变量，下面一章我将转而介绍对未来的积极情绪。

塞利格曼的解答

Authentic Happiness

1. 过去的事不能决定你的未来，不要把自己桎梏在过去。童年的不幸不能决定你长大后会出现什么样的问题，你没有任何理由将自己的抑郁、焦虑、婚姻不美满、吸毒、性问题、失业、攻击性、酗酒或暴怒，都怪罪到童年的事件上去。

2. 最易愤怒的人得心脏病的概率是最不易愤怒者的五倍。研究的结果显示，当人们把愤怒压抑下去时，他们的血压会下降，当他们把愤怒表达出来时，他们的血压会上升。

3. 对过往的美好时光不能心存感激和欣赏，对过去的不幸夸大其词、念念不忘，是我们得不到平静、满足和满意的罪魁祸首。

4. 感恩和宽恕能改变你的记忆，感恩能增加美好记忆的强度，而宽恕则将痛苦记忆的保险丝拆掉，使它不能再引爆，这样你会更幸福。

第6章
塞式幸福法则2：未来不全如你想象

一定不要把失败归因于普遍性的问题，
而要将它当成特定的事件来解释。

我们的困惑	1. 我究竟是个乐观的人，还是个悲观的人？ 2. 乐观的人和悲观的人在看待喜事、好运时有什么不同？ 3. 悲观者与乐观者的行为有什么不同，这如何决定了不同的命运？ 4. 如何能乐观地面对未来，对未来充满希望？

面对未来所表现出的积极情绪包括信心、信任、自信、希望及乐观。我们对乐观和希望都很熟悉了，有无数的研究讨论过它们，共同的结论是我们可以培养乐观和希望。乐观和希望可以帮助你在遭受打击时对抗沮丧，在面对有挑战性的工作时表现良好，它们还能使你健康。你可以在网络上测试一下自己的乐观程度，了解与自己同年龄、同性别、做同样工作的人的乐观状况如何，当然你也可以使用本书中的测试。

测一测自己的乐观程度

这份问卷不限时，一般来说大约需要 10 分钟。答案没有对错之分。

请仔细阅读以下“乐观测验”中的每一个情境，并想象你身处其中。有些你可能没有经历过，不过没有关系；或许你觉得没有一个答案是准确的，这也没有关系，只要选一个最接近的即可。你可能不喜欢有些问题的答案，但不要去选你觉得应该做的或你认为会得到别人认可的那个，请选你最可能做的。

每一个问题只选一个答案，不要去管问题后面的字母（如 PmB）。

乐观测验

1. 你和你的配偶（男 / 女朋友）在一场争吵后和解了。	PmG
A 我原谅了他。	0
B 我通常是个宽宏大量的人。	1
2. 你忘掉了配偶的生日。	PmB
A 我不擅长记生日。	1
B 我太忙了。	0
3. 有人匿名送你一束鲜花。	PvG
A 是因为我很有吸引力。	0
B 是因为我人缘好。	1
4. 你竞选一个职位而且当选了。	PvG
A 我花了很多时间和精力在竞选上。	0
B 我对每一件事都会全力以赴。	1
5. 你忘记了一个重要的约会。	PvB
A 有时我的记性不好。	1
B 有时我忘了检查我的记事本。	0
6. 你的晚宴很成功。	PmG
A 我那天晚上特别的迷人。	0
B 我是个很好的主人。	1

7. 你欠图书馆 10 元罚款，因为你借的书逾期了。	PmB
A 我看得太入迷，忘记该什么时候还。	1
B 我忙着写报告，忘记去还书。	0
8. 你的股票帮你赚了很多钱。	PmG
A 我的股票经纪人决定冒险试试新股票。	0
B 我的经纪人是一流的投资人才。	1
9. 你赢得了一项运动比赛。	PmG
A 我所向无敌。	0
B 我训练很刻苦。	1
10. 你未通过一个重要的考试。	PvB
A 我不够聪明，比不上其他同学。	1
B 我没有好好为这次考试做准备。	0
11. 你特地为朋友准备了一道菜，但他连碰都没碰。	PvB
A 我不是个好厨师。	1
B 我今天准备得太匆忙了。	0
12. 你输掉了一场准备已久的比赛。	PvB
A 我不是一个优秀的运动员。	1
B 我不擅长那项运动。	0
13. 你对朋友发了脾气。	PmB
A 他老是烦我。	1
B 他今天情绪不好。	0
14. 你因未及时缴纳个人所得税而被罚款。	PmB
A 我总是拖延报税。	1
B 我今年太懒了。	0

15. 你想与某人约会，但他拒绝你了。 PvB

A 我那天受到了沉重的打击。 1

B 我去约他时，紧张得说不出话来。 0

16. 在聚会时常有人邀你跳舞。 PmG

A 在聚会上，我很擅长交际。 1

B 那晚我表现得很完美。 0

17. 你在面试时表现良好。 PmG

A 面试时我很自信。 0

B 我很会面试。 1

18. 你的老板没有给你足够的时间去完成那项工作，不过你还是按时完工了。 PvG

A 我对我的工作很在行。 0

B 我是个很有效率的人。 1

19. 你最近感到精疲力竭。 PmB

A 我从来就没有休息的机会。 1

B 这个星期我实在太忙了。 0

20. 你救了一个差点噎死的人。 PvG

A 我会这种急救技巧。 0

B 我知道在危机时该如何处理。 1

21. 你的男 / 女朋友想暂时冷却一阵子你们的感情。 PvB

A 我太自我中心了。 1

B 我冷落了他，没有花很多时间在他身上。 0

22. 朋友的一句话伤了我的心。 PmB

A 他每次都是这样脱口而出，不考虑对方的感受。 1

B 朋友今天心情不好，拿我撒气呢。 0

23. 你的老板向你寻求忠告。	PvG
A 我是这个领域的专家。	0
B 我很会提出有用的建议。	1
24. 你的朋友感谢你帮助他度过了一段困难的时光。	PvG
A 我喜欢帮助人渡过难关。	0
B 我关心别人。	1
25. 你的医生告诉你，你的身体状况很好。	PvG
A 我经常运动。	0
B 我非常在意健康。	1
26. 你的配偶（男 / 女朋友）带你去度了一个浪漫的周末。	PmG
A 他需要休息几天。	0
B 他喜欢去探索新的地方。	1
27. 你被请去主持一个重要项目。	PmG
A 我最近刚完成一个类似的项目。	0
B 我是一个很好的项目主管。	1
28. 你滑雪时常摔跤。	PmB
A 滑雪是项很难的运动。	1
B 滑雪道上有冰。	0
29. 你赢得了一项很有声望的奖项。	PvG
A 我解决了一个重要的问题。	0
B 我是最好的员工。	1
30. 你的股票跌到不能再低。	PvB
A 我那时不了解股市行情。	1
B 我选错了股票。	0

31. 你放假时胖了，现在瘦不下来了。 PmB

A 从长远来说，节食其实没什么用。 1

B 我试的这个节食法没有用。 0

32. 商店不收你的信用卡。 PvB

A 我有时高估了我的钱数。 1

B 我有时忘了付信用卡账单。 0

按下面的类别计分：

PmB ______ PmG ______

PvB ______ PvG ______

HoB ______ HoG ______

HoG-HoB ______

你的解释风格有两个维度——永久性和普遍性。

永远有多远

很容易就放弃的人认为发生在他们身上的坏事都是永久性的——这些不幸的事情会一直持续下去，而能够抵抗无助的人则认为不幸的事件只是暂时的。

如果你把不幸的事想成“永远”“从来”“总是”，把它归因到人格特质上，那么你就是悲观型的人。如果你把不幸的事想成“有的时候”“最近”，把它当成偶发事件，你就是个乐观型的人。

悲观型（永久的）	乐观型（暂时的）
我完蛋了。	我累坏了。
节食根本没有用。	如果出去吃饭，节食肯定成功不了。

你总是很唠叨。	我一不打扫房间，你就会唠叨。
我的老板是个混蛋。	老板现在情绪不佳。
你从来不跟我交流。	最近，你没怎么跟我聊天。

现在来看之前你做的测验。先看 PmB（Permanent Bad，永久性的坏事）的 8 道题：2、7、13、14、19、22、28 和 31，这些题目测量你把不好的事件想成永久性的倾向。选 0 表示乐观、1 是悲观，所以，如果第 2 题你在解释为什么忘记配偶的生日时，选“我不擅长记生日”而不是选“我太忙了”，代表你选择比较永久性的解释，因此比较悲观。

将上述 8 道题的分数加起来，总分写在 PmB 一栏下，如果你的总分是 0 分或 1 分，那你是个非常乐观的人；2 分或 3 分代表中等乐观；4 分代表平均数；5 分或 6 分代表悲观；如果你的得分是 7 分或 8 分，那你是非常悲观的。

当遭遇失败时，我们都会（至少暂时会）感到无助。就好像有人在你肚子上打了一拳，感觉很痛，但是这种痛会消失。那些得 0 分或 1 分的人的痛几乎立刻消失。有些人的痛苦持续到最后变成积怨，再也消不掉了。这些人是得 7 分或 8 分的人，他们会无助很久，长达几天或几个月，即使再小的挫折也会如此，如果是很大的挫败，他们甚至永远无法恢复正常。

乐观的人对好事的看法正好与对坏事的相反，他们认为好事是永久性的。

悲观型（暂时的）	**乐观型（永久的）**
今天是我的幸运日。	我一向运气很好。
我很努力。	我很有才干。
我的对手累了。	我的对手水平不行。

乐观的人把好的事情归因于他自己的人格特质或能力，所以是永久的。悲观的人则归因于暂时性的原因，如情绪和努力。

你可能注意到题目中有一半是好事，请将 PmG（Permanent Good，永久性的好事）的 8 道题——1、6、8、9、16、17、26、27 的分数加起来，选 1 代表永久性的乐观，请将总分写到 PmG 一栏下。如果你的分数是 7 分或 8 分，那你是个非常乐观的人；6 分代表中等乐观；4 分或 5 分代表平均数；3 分代表中等悲观；0 分、1 分或 2 分代表非常悲观。

对那些认为好运是永久性原因造成的人，他们会在成功后更加努力；而认为成功是暂时性原因造成的人，即使成功了也会放弃，因为他们认为那不过是侥幸。懂得利用成功乘胜追击的人才是乐观的人。

真的事事都糟糕吗

永久性是时间维度的指标，普遍性则是空间维度上的指标。

请看下面这个例子：一家大型零售公司的会计部门有一半的人员被解雇了，其中两个会计——诺拉和凯文都很沮丧，他们好几个月都不愿去找新工作，也避免谈到所得税或做任何跟会计有关的事。但诺拉仍然是个热情主动的妻子，她的社交生活很正常，健康情况也很好，一周还去三次健身房。相反，凯文则崩溃了，他甚至不理睬妻子和襁褓中的儿子，他把所有的时间都花在沉思上，并且拒绝参加宴会，他总说自己无法面对任何人。他失去了幽默感，笑话也不能让他发笑，而且整个冬天他都在感冒，他也不再去慢跑了。

有些人可以把他的问题束之高阁，然后过正常的日子，即使这问题是他生活中很重要的事；也有些人让一件事破坏了自己所有的事，将事情灾难化，当他们生活中有一根线断掉时，整块布都跟着散乱了。

所以当一个人把自己的失败归因于普遍性的问题时，他会放弃每一件事，虽然失败的仅是生活中的一小部分而已。把失败当成特定事件来解释的人，虽然生活中的某一部分也会变得无助，但他相信其他部分还将继续进行。下面是对不幸事件的一些“普遍的”和“特定的”解释。

悲观型（普遍的）	乐观型（特定的）
所有的老师都不公平。	塞利格曼教授很不公平。
我是个令人讨厌的人。	他很讨厌我。
书本一点儿用也没有。	这本书一点儿用也没有。

诺拉和凯文在永久性维度上得分相同，他们俩在这方面都是悲观的，当他们被解聘时，两人都沮丧了很久。但是他们在普遍性维度上却正好相反。当不幸事件降临时，凯文认为一切都完了，认为自己一无是处。诺拉却认为不幸的事是有特殊原因的，认为是自己的会计工作做得不够好。

永久性维度决定一个人会放弃多久——对坏事永久性的解释会造成长期的无助，而暂时性的解释则可以迅速恢复。普遍性维度决定一个人会把无助带到生活的各个层面，还是只维持在原来的地方。凯文是普遍性维度的受害者，一旦被解雇，便认为这个原因是普遍的，他将之泛化到生活的每一个层面上。

你也会这样把小事化大吗？标有 PvB（Pervasiveness Bad，普遍性的坏事）的 8 道题是：5、10、11、12、15、21、30 和 32，请将它们的分数加起来填在 PvB 一栏下。如果你的分数是 0 分或 1 分，你非常乐观；2 分或 3 分是中等乐观；4 分代表平均数；5 分或 6 分是中等悲观；7 分或 8 分是非常悲观。

乐观型的解释风格对好事和坏事的看法正好相反。乐观的人认为好事会惠泽他所做的每一件事，悲观的人则认为好事只是特定条件引起的。当公司把诺拉找回去做临时雇员时，她会想：“他们终于认识到没有我不行了。”公司也找凯文回去帮忙，但他却想：“公司大概是真的缺人手了。”下面是类似的一些例子。

悲观型（特定的）	**乐观型（普遍的）**
我的数学很好。	我很聪明。
我的股票经纪人很懂石油股。	我的经纪人很了解股市运作。
她觉得我很迷人。	我很迷人。

请把 PvG（Pervasiveness Good，普遍性的好事）的分数加起来，这 8 道题是：3、4、18、20、23、24、25 和 29。将分数加起来写在 PvG 一栏下，如果你的分数是 7 分或 8 分，你很乐观；6 分是中等乐观；4 分或 5 分是平均数；3 分是中等悲观；1 分或 2 分是非常悲观。

增加乐观和希望

希望现在已经变成说教者、政客和广告商的专用语了。习得性乐观的研究就是将希望带进实验室，让科学家可以分析它，找出它为什么有效。我们是否觉得有希望，取决于两个维度的共同作用。找到好事的永久性和普遍性原因，和对不幸事情做出暂时性和特定性的解释，是希望的两个支柱。对不幸事情做出永久性和普遍性的解释，以及认为好事情是暂时的和特定的，则是绝望的原因。

不幸的事可以用无望的或充满希望的方式来解释。

无望的	**充满希望的**
我很愚蠢。	我没想到。
男人是暴君。	我先生心情不好。
这肿块有 50% 的概率是癌症。	这肿块有 50% 的概率没事。

幸运的事也是如此。

无望的	**充满希望的**
我很幸运。	我很有才干。

我妻子对客户很好。　　　　我妻子的人缘很好。

美国会消灭恐怖分子。　　　美国会消灭所有敌人。

或许所有分数中，最重要的是你的希望分数（HoB 和 HoG）。请将你的 PvB 和 PmB 的分数加起来，那就是你的 HoB 分数。PvG 和 PmG 的分数加起来的和就是你的 HoG 分数。接着用 HoG 减掉 HoB，如果你的分数是 10 ～ 16 分，那么你是满怀希望的人；6 ～ 9 分是中等有希望的；1 ～ 5 分是平均数；–5 ～ 0 分是中等无望的；–5 分以下是非常绝望的。

对好事有永久性和普遍性解释的人，如果他对坏事的解释是暂时的、特定的，那么当他遇到挫折时，他会很快重新振作起来，当他成功时，他会继续努力。对成功做暂时的和特定的解释，对失败做永久的和普遍的解释的人，碰到压力就会垮掉，而且很难东山再起。

现在已经有很好的方法来培养乐观情绪了，这个方法就是指认出自己悲观想法，并且反驳它。当我们工作上的对手或情人指责我们时，我们会用这个方法来反驳。如果对手指责你："你不配做人事部门的经理，你自私自利，员工都不能忍受你了。"在反驳时，你可以指出他错在哪里，包括去年下属们给了你很高的评价，你把营销部最难应付的三个人都说服了。但是当我们对自己说同样指责的话时，我们通常不会反驳自己，虽然这些话常常不对。所以反驳自己悲观想法的第一件事，便是认识到这个想法不对，然后把它当作外人对你的指责来反驳，外人的目的就是要让你生活不幸福，你可不能让他得逞。

下面教你如何反驳自己。一旦你意识到有悲观的想法，就要用 ABCDE 模式去反驳它：A（adversity）代表不好的事，B（belief）代表当事件发生时自动浮现的念头、想法，C（consequenc）代表这个想法所产生的后果，D（disputation）代表反驳，E（energization）代表你成功进行反驳后所受到的激发。如果在不幸的事件发生后，你有效地反驳了自己的悲观想法，你便可以改变自己受事件打击时的反应，使自己变得更有朝气。

> **不好的事：**自从孩子出生后，今晚是先生跟我第一次外出用晚餐，但是我们整晚都在为小事争执：从侍者的口音到孩子长得像我家的人还是像我先生家的人。
>
> **想法：**我们是怎么回事？我们本来应该好好享受一下浪漫的晚餐，结果却浪费时间去吵些最不值得吵的事。我看过一篇文章说，很多婚姻都是在第一个孩子出生后结束的，看起来我们正朝着那个方向前进。我该怎么独自抚养我的孩子？
>
> **后果：**我觉得很难过、很失望，而且我有很惊恐的感觉，简直食不下咽。于是我把食物在盘子中推来推去，先生想调剂一下气氛，但我连看都不看他一眼。
>
> **反驳：**或许我有点不切实际，但当你连续 7 周每晚睡不到 3 个小时就得起来喂奶时，实在很难浪漫起来，而且你还要担心会溢奶出洋相。但是一顿晚餐不愉快并不代表就要离婚，我们经历过比这个厉害的大风大浪都没有离婚，感情反而更好了。我根本不应该再去看那些愚蠢的女性杂志，我简直不能相信自己坐在这里计划着探视孩子的时间表，好像我们真要离婚一样。我想我该轻松一下，下一次的晚餐一定会好一点，就把这次当作练习吧！
>
> **激发：**我开始觉得好一点了，可以集中精神去听保罗在说些什么了。我甚至告诉他，我很担心溢奶，我们想到侍者的反应不禁大笑起来。我们决定把这次晚餐当成练习，下个礼拜再出来吃饭。一旦我们把想法说出来，两人都觉得好多了，也觉得亲密多了。

有一点很重要，你的想法只是个想法，它可能是也可能不是事实。假如一个嫉妒你的人对你愤怒地尖叫："你是个很糟的母亲，你自私、愚蠢，以自我为中心，不会替别人想！"你会怎么反应？你可能根本不理她，或是当着她的面或自己暗暗想："我的孩子很爱我，我花很多时间跟他们在一起，我教他们代数、足球以及如何在这个世界上生存。她这么说是因为她的孩子不成材，她很嫉妒我。”

我们可以轻易反驳别人对我们不实的指责，但我们却很难反驳自己对自己的指责。因为我们总认为如果我们这样想了，它一定是真的，不是吗？

错！当我们碰到挫折时，我们对自己说的话常常是没有根据的，这跟嫉妒你的那个人说的话一样。我们下意识的解释往往是扭曲的，它们一种坏的习惯思维。这种习惯思维可能来自童年时的冲突、过于严格的父母、严苛的教练，或是姐妹对你的嫉妒等。不过因为这种想法是从我们内心生出来的，所以我们就相信它，把它当作圣旨。

它们只是些想法而已，一个人担心他会找不到工作，没有人爱他，或难以胜任工作等，并不代表他真的就是这样，你需要拉开你和悲观想法间的距离，至少要远到你可以去验证一下你的解释风格是不是太悲观了。反驳的第一步就是要检查一下我们的下意识反应是否正确，下一步便是把反驳付诸行动。

学会与自己争辩

下面有四种方法可以使你的反驳有说服力，我们会单独讨论每一种方法。

证据

反驳一个消极、悲观想法最有力的方法便是提出证据，用证据来证明这个想法是不对的。大多数时候，证据都会对你有利，因为我们对不好的事情一般会有过分的悲观反应，你要像个警察那样问自己：“这个想法的证据是什么？”

假如你的成绩不好，并认为自己是“全班最糟的”，那你就要去查一下证据。你比坐在你周围的人的分数都低吗？假如你认为这次节食失败了，去算一下你吃过的食物的热量，你会发现你吃过的食物的热量其实都挺高。

这种方法与所谓的积极思维不一样，积极思维常常要自己相信那些不符实际的、空泛的套话，例如“每一天，在每一方面，我都越来越好”，即使你其实越来越糟，也要这么说。大多数受过良好教育、有理性思考能力的人，都不会相信这种吹牛的方式。相反，习得性乐观教你恰当地引用证据，反驳你自己的扭曲解释，大部分时候，事实会站在你这边。

其他的可能性

绝大部分事情的发生都不会只有一个原因，假如你考试考得不好，可能有下列几个方面的原因：题目太难、复习的时间不够、人不够聪明、老师不公平、别的同学基础较好、你考试那天精神不佳……悲观会使你找到最糟的理由，并以最永久的、最普遍的理由去责怪自己。这时，真理通常会站出来反驳：既然有很多理由，为什么要找最坏的理由来跟自己过不去呢？问问你自己，还有没有其他更好的方式来解释这个失败。

在反驳自己的想法时，先去搜寻所有可能的原因，注意力要集中在可改变的原因（复习的时间不够）、特定的原因（题目太难），以及和自己无关的原因（老师不公平）上。当然，你可能还要努力去找其他原因，但一定要抛弃那些不真实的原因。记住，悲观的人正好相反，他们坚信那些最阴暗可悲的想法，并不是因为这些想法是真实的，而是因为这些想法最可悲。你的任务就是去找出其他可能性，打破你这种具有破坏性的习惯思维。

暗示

以这世界的情形来看，事实并不见得永远对你有利。你脑海中的消极想法可能是对的，但很可能对你不利，这个时候要用的方法是“非灾难法”（decatastrophizing）。

如果你的想法是对的，它的后果是什么呢？晚餐的确不浪漫，但不浪漫意味着什么？一顿不浪漫的晚餐并不代表离婚。

你要问自己的是，这个糟糕的情况最可能引发的后果是什么。成绩单上有三个 B 不代表你以后找不到工作；两个鸡翅及一盘墨西哥玉米片也不代表你一辈子都会肥胖。这时候你就要回到第一种方法，重新去搜寻证据，如在前面的例子里，这位妻子想起了自己与先生经历过的比眼前更困难的日子。

用处

有时候抓着一个想法不放的后果其实比它的真实性还要糟，想法真的具有破坏性吗？在节食时跑去大吃了一顿，你的反应是“我是个贪吃鬼”，但这句话可能让你完全放弃节食。有些人对不公平的现象感到很愤怒，我们会同情这些人，因为我们了解被不公平对待的感觉，但这种不公平的想法也会引起不必要的悲哀。你认为世界应该是公平的，而且坚持这个想法不放，这对你有什么好处？紧抓着它只会让你更难过，因为这是难以改变的事实。所以你应该把注意力转到你可以改变那些事情上，你应该去想想：这个情境可以改变吗？你该如何改变它？就像前例中提到的妻子，最后决定不再读那些无聊的女性杂志了。

把坏事变成好事

现在我请你练习反驳，找出五件不好的事，仔细聆听自己的想法，观察所引起的后果，并努力去反驳它，然后观察自己的精神又获得激发，因为你打败了消极的想法，最后把这些练习记录下来。其实这五件事都不是什么大不了的事，如信件来晚了、别人没回你的电话、收银员没替你装袋。请用有效的自我反驳策略去反驳它们。

在开始练习之前，请你先读下面两个例子，第一个是坏的事件，第二个是好的事件。

【例一】

不好的事：这学期我教的是创伤后的心理恢复，学期结束后，学生会对我的授课做出评价。有个学生这样写道："我对这门课非常失望，我唯一印象深刻的是这个教授竟然可以做到从头到尾都完全无趣。所以不管你要选什么课，千万别选这门课。"

想法：这个学生竟敢如此大胆，现在的学生都期待教室像电影院，上课像看电影。如果你没用多媒体进行教学，他们就会觉得无聊、无趣；如果你要他们用点脑子去思考，他们就烦了。我对这些学生已经厌倦极了，幸好我不知道是谁写的。

后果：我很生气，打电话给妻子，并把这份评语读给她听。一整天我都为此事不高兴。我一直在想，现在的学生真是目空一切，被宠坏了。

反驳：这学生的确没礼貌，他不喜欢这门课我可以理解，但完全没必要这么做。这只是一份问卷而已，大部分学生都觉得这门课还可以。我虽然没有像往年一样得到众多好评，但也有好几个学生说如果我用投影的话，他们会理解得更好。或许我最近有点懒，以前我会很努力地找出学生感兴趣的方法。我不像以前那么喜欢教学了，我想学生可能感受到了这一点。或许我应该把这份评价当作警钟，多花一点时间在准备教材上，以此提升学生的兴趣。

激发：我不生气了，虽然我依然为这个学生的表达方式感到不高兴，但是我可以把情绪控制住。我可以把注意力放到改变原有的教学模式上，我很期待重新教这门课。

前面说过，用悲观风格去解释好事与解释坏事的情况正好相反：假如是好事，悲观的人会说这是暂时的、特定的，这不是我的功劳；对好事的悲观解释使你无法乘胜追击，得到全面的胜利。下面这个例子让你看到如何去反驳一个暂时的、特定的解释，并把它变成永久的、普遍的解释，这样你就能不断取得成功。

【例二】

不好的事：我的老板告诉我，他很喜欢我提出的新点子。他叫我跟他一起参加一个重要会议，把我的想法说给董事会的人听。

想法：哦，完了，我简直不能相信他会叫我去参加如此重要的会议。我一定会出丑的，我当时只是随口说说，想不到他会喜欢，这根本不是我的想法，是很多人在闲聊时聊出来的。内部深层的东西我不了解，假如他们要我回答那些深层的问题，我一定会窘死。

后果：我非常紧张，无法专心做事，我应该把时间花在准备演讲上，但就是不能专心，结果一事无成，只做了些不用大脑的事。

反驳：等一会儿，这是一件好事，不是坏事，虽然这是我和别人共同想出来的，但我确实也有份，说它不是我的主意并不完全正确。事实上，在上次会议上，是我把这些点子综合在一起，形成了一个新的想法。每个人在大老板面前说话都会紧张，但我不应该把自己吓倒，我并不是完全不懂这一行，我琢磨这个想法已经很久了，甚至还把它写出来给同事看过。老板选我去讲是因为他知道我可以做得好，不会让他失望，他才不会随便找个人去大老板面前演讲，危害到自己的前途呢。他对我有信心，我也应该对自己有信心。

激发：我现在冷静下来了，可以专注于准备演讲内容了。我决定先在两个同事面前演练一次。我其实有点期待这个挑战，而且我准备得越充足，就越有自信，我甚至想到了用几个不同的方法来表达，以使这个演讲更完整、更有条理。

从现在开始，你每天都练习一下。不要特意去搜寻不好的事，你应该就日常发生的事来做这个练习。当你听到消极的想法时，反驳它，把它赶尽杀绝，并将它记录下来，这样的练习请持续至少一周。

不好的事：____

____

想法：____

____

后果：____

____

反驳：____

____

激发：____

____

在第 5 章中，我讨论过有关过去的事以及如何维持你对过去的满意度。在这一章中，我讨论了构成未来幸福感的条件是什么，以及怎样增进你的幸福感。下一章，我要转而讨论现在的幸福感。

塞利格曼的解答

Authentic Happiness

1. 当你完成了本章开始的乐观测试，你对自己的乐观程度会有一个非常准确的认识。

2. 不同之处在于，乐观的人会将好事归因为自己的人格特质或能力，所以好事是永久的，而且乐观的人会因此认为自己各方面都很棒；悲观的人则认为好事是暂时的，而且这方面好不代表其他方面也好。

3. 乐观者遇到挫折后会很快重新振作起来，而成功时，他会继续努力，最终获得全面的胜利。悲观者碰到挫折就会垮掉，很难东山再起，获得成功时也不能乘胜追击，最终成功得不彻底。

4. 如果你是乐观的人，那就不必看了，因为你肯定对未来充满了希望。如果你是悲观的人，那请用 ABCDE 模式去反驳。记住哦，要每天练习一次。

Using the New Positive Psychology
to Realize Your Potential for Lasting Fulfillment

第 7 章

塞式幸福法则 3：抓住现在的幸福

在一切都有捷径的生活里，
优势和美德就会枯萎。
当我们体验心流时，
就是在建构未来的心理资本。

我们的困惑	1. 如果我想增加生活中的愉悦，我该怎么办？ 2. 满意超越了愉悦，它带给人的幸福感更持久、更深远，我怎么做才能获得满意呢？

眼前的幸福感与过去的和未来的幸福感有非常不同的成分，它包含愉悦（pleasure）和满意（gratification）。

愉悦有很强的感官和情绪特点，也就是哲学家所说的“直感”（raw feels），例如狂喜、兴奋、高潮、欢笑、兴高采烈和舒适。这纯粹是感官上的满足与快乐，不需要思考。**满意**是做了我们最喜欢做的事而带来的感觉，但它不一定伴随着“直感”。这种满意会使我们整个沉浸在里面，失去自我意识，例如跟一群好朋友聊天、攀岩、看一本好书、跳舞等。只要我们的能力能应对挑战，得心应手，我们就会有这种感觉。这种感觉比愉悦更长久，因为它是思考和诠释的结果，不容易习以为常，它的能量来自我们的优势和美德。

愉　悦

众多的夏日清晨，

当你第一次进港来到腓尼基人的贸易站时，

眼睛所见的都是欢乐、愉悦，

因为那些美好的珍珠、珊瑚、玛瑙、黑檀木，

充斥了你的感官，带给你无限的愉悦。

——卡瓦菲（C. P. Cavafy）

身体的愉悦

愉悦是立即的、来自你的感官，而且是暂时的。它们不需要诠释，进化已使感觉器官直接跟我们的积极情绪联结在一起，触觉、味觉、嗅觉、动觉、视觉和听觉都可以直接激发愉悦。触摸婴儿的脸蛋会使他微笑，母乳和法国香草冰激凌也会引发婴儿的微笑。当你一身泥浆，冲个热水澡便会使你通体畅快，而这种舒服的感觉完全超越了“我现在很干净”的想法。对很多人来说，畅快地上个厕所，把身体里的废物排出去，也会觉得非常愉悦。视觉和听觉也跟积极情绪连在一起：在一个万里无云的日子听着英国摇滚乐队的歌，下雪的夜晚坐在熊熊火炉前取暖，这些都是身体愉悦的例子。

虽然你感到愉悦，但是你很难将生活的乐趣建立在感官的满足上，因为这些都是暂时性的，一旦外在刺激消失，它们便很快跟着退去。而且我们会对这些感觉产生“习惯化”效应，以后就需要有更强、更多的刺激才能带来相同程度的愉悦。第一次吃法国香草冰激凌时，你感觉那真是人间美味，但如果一直吃也就觉得不怎么样了。

高层次的愉悦

高层次的愉悦与身体的愉悦在许多方面很相似，它也有“直感”，也是暂时的、很容易消失，而且很容易习惯化。但是高层次的愉悦复杂得多，它更可能是认知的结果，比感官愉悦更多，而且更富于变化。

目前有很多方法可以获得高层次的愉悦，我提供的方法只是其中一种。我从表示积极情绪的词“欢乐”（joy）开始，在脑海中搜寻它的同义词，然后从每一个新词中再去找它们的同义词，一直这样做，直到所有的同义词都找完了。结果我很惊讶地发现，自己竟然找到了近100个同时包括身体的和高层次积极情绪的词。然后我去掉表示身体愉悦（例如高潮、温暖）的那些词之后，找到了三类高层次的愉悦，我用强度来区分它们。

高强度的愉悦包括狂喜、兴奋、刺激、销魂、快感、亢奋；**中等强度的愉悦**包括活泼、奔放、开心、高兴、欢喜、热衷、娱乐；**低强度的愉悦**有舒适、和谐、满意、放松、乐趣。因为我的目的只是讨论如何能增加愉悦，所以你选择哪一种程度的愉悦并没有太大关系，上面的词都可以用。

增加愉悦

其实根本不需要专家告诉你如何在生活中制造愉悦，你比任何人都清楚自己对什么感兴趣，该如何追求愉悦。积极情绪的研究得出了三个概念——习惯化（habituation）、品味（savoring）和正念（mindfulness），它们可以帮助你增加生活中的愉悦。运用上述三个概念的力量，可以增加你生活中的积极情绪。

1. 习惯化

不管是身体的还是更高层次的愉悦，都有一个共性。这个共性使它们不能成为永久的幸福来源。我叫学生做一些好玩有趣的事，如去看场电影，他们会发现电影演完时，趣味也就终止了。一旦外界的刺激停止，积极情绪也就沉入日常生活之中，看不见了。

马上重复原来的刺激并不能带给你同样的愉悦：第二口法国香草冰激凌带给你的愉悦没有第一口的一半，吃到第四口时，你心里想的可能就是热量了。一旦身体对热量的需求满足后，冰激凌吃起来就没味了。这个过程叫习惯化或适应，这是神经作用的结果。我们天生对新奇的东西敏感，当事件不再能提供新信息时，神经就不再反射。我们总是注意到新奇的事物，忽略已经熟悉的事物。

愉悦不但会迅速消失，有时甚至还有消极后果。20 世纪 60 年代，我们发现了老鼠大脑中的"愉悦中枢"。实验者在那个区域放了一根很细的探针，当老鼠按杆时，就会有轻微电流通过，刺激那个区域。结果这些已经很饿的老鼠宁可去按杆直接得到快感，也不会去按另一根杆去获取食物，最后饿死在能直接获得快感的杆下。实验者从中发现了上瘾的原因：对电刺激产生强烈的渴求，必须有下一个刺激才能满足这个渴求；很不幸，下一个刺激又会带来更大的渴求，这样就形成了恶性循环，直到老鼠累死、饿死为止。老鼠后来再按杆已经不是为了愉悦，而是为了满足这个渴求，这种激起渴求而无法停止渴求本身就是消极的。

你的背痒时，挠一下会有所缓解，但如果停止挠痒，通常你会觉得更痒。假如你忍着不挠，过一会儿痒就会退去。但是挠一下的渴求常常会压迫你的意志力，这就是为什么有人会嗑瓜子嗑个不停，烟一根接一根地抽。这其实就是上瘾的机制，酒精产生消极的后果（酒醒后的头痛），只有靠再喝一点才能缓解；你又喝了一口来缓解头痛，但这一喝又使你产生了下一次的头痛，如此恶性循环下去，没完没了。

同样的方法也可以用来增进你生活中的愉悦，而其中的关键是如何把愉悦平均分配到自己的生活中。你首先要找出会带给你愉悦的东西，其次是把愉悦分开放入生活中，中间的间隔要长些。假如你发现在你把间隔时间拉到足够大之后，自己对某样东西的欲望逐渐消退，甚至转为反感，这可能就不是愉悦而是上瘾。你先吃一口冰激凌，等 30 秒（你会觉得是永恒），再吃第二口，假如这时你已不想再吃第二口了，那就把它扔掉吧！假如你还想吃，吃后再等 30 秒。心中做好随时不再吃它的准备。

请找出能使你的愉悦习惯化的最佳时间间隔。如果你喜欢听周杰伦的歌，可以试着找出他的歌能给你最多愉悦的最佳时间间隔。惊喜就像时间间隔一样，可以避免习惯化。要经常使自己惊喜，更好的是和你周围的人一起相互制造惊喜，这个惊喜不一定是一打玫瑰，突如其来的一杯咖啡也许就可以达到效果。每天花五分钟来计划做使配偶、孩子或同事惊喜的事是值得的。当先生回家时，放他最喜欢的音乐；当妻子在电脑前工作时，给她按摩背；在同事桌上放一束花或贴张感谢的纸条。这类行为通常会引发更多善意的回馈。

2. 品味

现代生活的快节奏及现代人极度的未来心态会让我们忘记现在。所有的科技进步，从电话到网络，它们的好处都是让你做得更多、做得更快，省下时间好让我们去计划未来。这个“好处”已经不自觉地渗透到我们的社会交往中，我们会发现在交流中，我们并没有专心地听别人说话，而是在计划下一步如何机智地回答对方。节省时间、筹划未来已经使我们失去了现在。

芝加哥洛约拉大学的弗雷德 · 布赖恩特（Fred B. Bryant）和约瑟夫 · 维洛夫（Joseph Veroff）是品味学这个新兴领域的创始人。结合佛教传统以及正念，他们将品味作为找回现在的工具。布赖恩特和维洛夫强调品味就是要感知愉悦，将注意力放在愉悦的经验上。下面是布赖恩特在爬山时，如何细细品味他的经验的。

> 我深吸了一口稀薄的冷空气，慢慢地吐出来。我注意到花葱类植物的刺鼻味道，于是开始寻找味道的来源。在脚下石头缝中，我找到这株孤零零的紫色花朵。我闭上眼睛聆听风的倾诉，听它在山谷中的回响。我在山顶的大石头上坐了下来，享受着在温暖的石头

> 上晒太阳的乐趣。我捡了块火柴盒大小的石头带回去做纪念。石头粗糙的表面摸起来像砂纸，我感到一种奇怪的欲望，我想去闻一下这块石头。我闻到了它强烈的泥土味，这味道引发了一些古老的想象：这块石头一定是从盘古开天辟地时就躺在这里了。

同样，维洛夫也品味着孩子的信。

> 我找了一段空闲的时间可以从容不迫地读这些信。我让每一个字慢慢地滑过我，就像淋浴时让温暖的水流过身体肌肤一样。有的信富有感情，让我的眼泪夺眶而出；有的信充满智慧，让我知道他们对自己和周围发生的事是很了解的。让我惊讶的是，在读这些信时，我感觉到孩子们好像与我在一起。

通过测试数千名大学生，这两位心理学家发现了五个提升品味能力的方法。

- **与别人分享：**你可以与人分享经验，让他知道你多么珍惜这个机缘，这是预测愉悦程度最有效的指标。
- **建构记忆：**将当时的情景印在脑海中，或是找个纪念品使你以后可以跟别人分享当时的体验。布赖恩特捡了那块石头并把它放在电脑旁。
- **祝贺自己：**不要害怕骄傲，告诉你自己别人是多么看重你，并且想想你已经为这一天等了很久。
- **使知觉敏锐：**把注意力集中在某些方面，把不想要的排除在外。当尝一碗汤时，维洛夫说：“这碗浓汤有股煳味，因为我不小心煳了底，虽然已经把焦的部分丢掉了，但是煳味仍然渗到了汤里。”当聆听室内乐时，他通常会闭上眼睛。
- **专注：**让你自己完全沉浸在其中，不去想别的，只是感受。不要去想应该做的事，不要去想等一下会怎样，或去想这件事可以如何改进等。

这些方法都有利于四种类型的品味：接受称赞和祝贺、感恩、惊叹（在奇妙中忘记自我）、尽情享受。现在来试试我所说的“秀出感觉”。假如你只是翻阅这一章，我希望你在这里停下。事实上，我强烈建议你细细品味每一个字。

> 我会从这个虚幻的空间，这个白色的和平，这个极度的狂喜中走出来，
> 时间紧紧围绕在我身边，我的灵魂追逐着每日的起起伏伏。
> 但是，我已知道了愉悦的方法，生活无法像以前一样胁迫我，
> 时间在我身边慢慢散开，
> 我第一次体会着白色、祥和的现状。

3. 正念

在经过三年的苦修后，小和尚来到师父的面前，他对佛教教义已了然于胸，他做好了接受师父考验的充分准备。

“我只有一个问题要问。”师父平静地说。

“请问。”小和尚回答。

“走廊上的花放在雨伞的左边还是右边？”

小和尚尴尬地退出去，又苦修三年。

正念始于观察。我们常忽略许多有重要意义的经验，我们机械地做事并与人交往，不太动脑子。哈佛大学的一位教授埃伦·兰格（Ellen Langer）[①]

① 兰格是积极心理学的奠基人之一。在《专念》一书中，她提出专念是不受束缚的思维，是洞悉一切的思维，是既理性又充满远见的思维。这一概念的提出改变了无数人思考与感知的模式。该书中文简体字版已于 2014 年由湛庐文化引进、浙江人民出版社出版。——编者注

曾经让一些人去插队，抢在一队等着复印的职员前面，当这些人问："我可以插在你前面吗？"每个人都拒绝他，但是如果他多加一句："我可以插在你前面吗？因为我赶着要复印。"别人就让他插队了。

兰格发展出一些方法，使我们对事情更留心，从而以新的方式看待现在。下面这些方法的宗旨是改变视角，使无趣的情境鲜活起来。当要求十年级的学生去读美国南北战争前民主党参议员斯蒂芬·道格拉斯（Stephen Douglas）提出的《堪萨斯－内布拉斯加法案》（*Kansas-Nebraska Act*）时，一组学生从道格拉斯的观点出发：他会怎么想，会有什么感觉；也可以从他孙子的角度去看这法案，结果这一组被试比采用通常学习方法的另一组学到的更多。

心情放轻松时比较容易用心去注意现在发生的事。东方的冥想有很多不同的形式，但是无论哪一种，只要持之以恒地做，都能使你的心情放松下来，缓解你的焦虑。这种放松会让你转而注意当下发生的事，更容易注意到花是在雨伞的左边还是右边。对美国人来说，超觉冥想法（Transcendental Meditation）是最容易学的一种方法。我每天做超觉冥想已有 20 年了，它使我放慢脚步，不再焦虑。然而超觉冥想及其他冥想法都不能立竿见影，要获得冥想的益处，你必须一天冥想两次，每次至少 20 分钟，并且连续做几个星期。

科学上所研究的品味和正念都起源于佛教，这并不是偶然的。佛教可以使心灵达到宁静的境界，我没有足够的知识讨论这个问题，这里也不是讨论它的地方，但是在结束这一段之前，我要强力推荐马文·莱文（Marvin Levine）的《佛教和瑜伽的积极心理学》（*The Positive Psychology of Buddhism and Yoga*），作者是一位认知心理学家及诗人。

拥有美好的一天

本章主要讨论愉悦和欢乐以及增强它们的方法，面对习惯化我们可以通过将愉悦分散在生活中来克服，还可以通过与配偶、朋友互相制造惊喜来增加生活的乐趣；品味和正念可以让我们分享快乐。接受称赞和祝贺、感恩、惊叹（在奇妙中忘记自我）、尽情享受都会放大你的愉悦。只要用心去找、去做，愉悦的生活就在身边。

现在请试着拥有美好的一天。在这个月中找一天专门做你喜欢做的事、宠爱你自己，把这一天中你准备做的事都用纸笔写下来。尽量运用上述的技巧，不要让生活中的琐事干扰你，只管照着拟定的计划去做。

满　意

在英语中，满意和愉悦这两个词常常是同义，这真是很可惜。我们把生命中两个最好的事情混淆在一起，但实际上两者是不同等级的幸福感。我们常很随意地说喜欢鱼子酱、按摩和听雨滴打在屋顶上的声音（这是愉悦）。我们也说喜欢打排球、阅读狄兰 · 托马斯（Dylan Thomas）的书、帮助街上的流浪者（这是满意）。喜欢（like）是个意义很不明确的词，在上述例子中，喜欢是指在很多选项中，我们会选择做它。因为我们用了同一个词，我们就去同一个源头寻找幸福感，我们说“鱼子酱带给我幸福感”“托马斯带给我幸福感”，好像这两个选择都能带来同样的积极情绪。

当我让别人去思索内心的积极情绪时，我们发现好吃的食物、按摩、香味、热水澡，都会产生本章开头所提到的愉悦。相反，当我让他们思索他们为无家可归者提供咖啡、读一本好书、打桥牌或攀岩时，他们就说不出来为什么他们也会有积极的情绪了。全心全意地做这件事，完全沉浸于其中而不受干扰，由此所产生的满意感、心流体验都不是当即的愉悦。事实上，完全沉浸于某样东西中时，可能是没有意识甚至也完全没有情绪的。

这就是美好生活（good life）和愉悦生活（pleasant life）的显著不同。还记得我的桥牌冠军及总裁朋友雷恩吗？那个在积极情绪上得分很低的人。雷恩具有满意感，因而拥有幸福的生活。没有任何魔法、忠告或训练可以让雷恩获得愉悦，但他的生活很充实、很投入：他是桥牌冠军、成功的投资人及热情的球迷。区分愉悦和满意最大的好处在于，虽然有一半人无法达到积极情绪上的幸福感，但他们还是可以获得幸福，因为他们拥有满意感。

现代人迷失了愉悦和满意的区别，但古代雅典人却清楚。许多例子显示，在那古老文明的全盛时期，他们比现代人知道得更多。譬如亚里士多德，他能区分身体上的愉悦和幸福感的不同。幸福感类似于舞跳得好的感觉，这种幸福感并不是跳舞期间或跳完舞后得到的，而是跳舞的一部分。亚里士多德的幸福感是我所称的满意，它是正确行为的一部分。满意无法从身体的愉悦中获得，也无法来自吸毒或任何捷径，只有在高尚的行为做完后才会自然产生。你可以用我在上一节中讲到的方法去找到、培养、强化你的愉悦，但是你无法用同样的方法去扩大满意度。愉悦是感官和情绪的，而满意来自施展个人的优势和美德。

希斯赞特米哈伊与“心流”

在科学上对满意的讨论可以归因到一位社会科学巨匠的好奇心。

> “这里有一个名人的名字！”当我读这家餐馆的贵宾签名簿时，悄声对曼迪说。我们在夏威夷度假，正排队取用自助早餐，我看到了米哈里·希斯赞特米哈伊（Mihaly Csikszentmihalyi）[①] 的名字在贵宾签名簿上。他很有名，但只有心理学界的人认得他，我连他的名字该怎么念都不知道。
>
> 希斯赞特米哈伊是社会科学领域的知名教授，他在克莱蒙特

① 希斯赞特米哈伊是“心流”理论的提出者、积极心理学大师。在《创造力》一书中，他访谈了 91 位创新者，分析他们的人格特征以及他们在创新过程中的“心流”体验，总结出创造力产生的运作方式，提出了令每个人的生活变得丰富而充盈的实用建议。该书中文简体字版已于 2014 年由湛庐文化引进、浙江人民出版社出版。——编者注

大学商学院教书。满意的一个境界“心流”（flow）就是他定义的，指的是我们全心投入地做事情时的感觉。我们曾见过一次面，大约是20年前的事了，我已经记不得他长什么样了。

过了一会儿，我在把木瓜子挖出来的同时，眼睛在餐厅里搜索，希望能看到红头发、运动员身材的希斯赞特米哈伊（这是我模糊印象中的他）。

早饭之后，曼迪、孩子还有我一起走向黑色的沙滩，天空满布黑云，浪很大，根本无法冲浪或游泳。“有人在喊爸爸。”耳朵最尖的拉娜指着海面对我说。果然，在海浪下的冲浪板上有个白头发的人，他不断被浪打到布满锋利贝壳的火山熔岩壁上，他看起来像只小号的白鲸，脸上、胸前都是血，左脚还挂了一只潜水鞋。我向海中跑去，但这个家伙很重，远比两百磅的我重多了，把他拖上来不是一件容易的事。

最后，我们气喘吁吁地上了岸，从他的喘息中，我能听出他的中欧口音。

“希斯赞特米哈伊？”

他咳嗽完后，笑了起来，紧紧拥抱着我。之后的两天，我们聊个不停。

希斯赞特米哈伊的家乡在罗马尼亚的特兰西瓦尼亚，他在第二次世界大战时逃到了意大利。他的父亲是匈牙利贵族，做过匈牙利驻罗马大使。他的童年被炮火打乱，在苏联军队占领匈牙利之后，他的父亲离开了大使馆，在罗马开起餐馆。他们家族的家具被运到匈牙利各地的博物馆展览，有些同族人因此陷入无助和绝望的深渊。“没有钱、没有工作，他们变成了没有灵魂的空壳……”他回忆道。但是在同样的打击下，另外有些人却没有倒下，显示出“疾风知劲草”的人格特质，勇敢地面对明天。这些人并没有什么特殊技能，在战前不过是普通老百姓而已。

希斯赞特米哈伊对此感到很奇怪，20 世纪 50 年代，他在意大利研读哲学、历史、宗教等书籍，想要找到答案。当时心理学在意大利还没有成为一门独立的学科，所以他移民到美国攻读心理学，成为荣格的学生。他半工半读，通过雕刻、画画、替《纽约客》写文章来赚钱维持学业。取得博士学位后，他开始了他一生的事业：从科学角度去寻找如何使自己达到最佳状态。对此，他在罗马的战乱中已有了初步的体验。在太平洋边，他对我说："我想了解它是什么以及应当是什么。"

所以他提出了"心流"的概念。什么时候时间为你而停止？什么时候你发现，你现在做的正是你一直想做的，而且你希望永不停止？这样的事是画画、做爱、打排球、公开演讲、攀岩，还是倾听别人诉苦？希斯赞特米哈伊给我讲了他 80 岁哥哥的故事。

> 我最近去布达佩斯探望同父异母的哥哥，他已经退休了，酷爱收集矿石。哥哥告诉我，前几天他拿到一颗水晶石，早饭后，他开始用高倍显微镜观察它，过了一会儿，他发现越来越不容易看清楚石头内部的结构了。他想一定是有片云遮住了太阳，他抬头一看，发现红日已西沉，他不知不觉中竟看了一整天。

这一刻，时间对他哥哥来说已经停止了，希斯赞特米哈伊把这种境界叫作"享受"（enjoyment，我避免用这个词，因为它过度强调满意的感觉成分），他把这个状态和愉悦相比较，认为愉悦仅仅是生理需求的满足，而"享受"不是。

> 打一场势均力敌的网球赛是享受；阅读一本点亮心灵的好书是享受；在一次深入的对话中，对方引导你说出你都不知道自己有的点子或看法也是享受。完成艰巨的商业谈判，或把工作做得好，都是很"享受"的事。上述事情在做的过程中不见得愉悦，但是做完后，回想起来时，你会觉得这很有趣，而且希望还有机会这么做。

他访谈了几千名来自世界各地、各年龄段的人，请他们描述最大的满意体验是什么。这可能是心理性的，像希斯赞特米哈伊的哥哥，也可能是社会性的，像京都街头飞车党描述几百辆摩托车飙车时的情形。

> 一开始飙车时，我们并不同步，但如果顺利的话，我们开始感受到对方。我不知道该怎么说……就是大家变成一条心，我们变成一个人了……突然之间，我们万众一心，变成了一个肉体、一个灵魂，那是最高境界。当我们速度很快时，我们的身心都飞了起来，在那一瞬间，真是无可比拟。

这种体验可以来自身体的活动，一位芭蕾舞演员说道：

> 当我跳到融入舞蹈中时，真是飘飘欲仙，好像飞起来了一样，快乐极了。我可以感到自己在动，感到肉体的高潮……我挥汗如雨……当每一个人都配合得很好，演出很完美时，我感到极度的狂喜……身体在动，你用动来表达自己，那是身体语言的沟通。当我跳得很好时，我通过音乐、通过舞伴来表达自我。

虽然这些人的行为、动作非常不同：打坐的韩国人、日本的飙车族、棋手、工厂生产线装配工、芭蕾舞演员，但他们都以非常相似的方式描述了满意的心理成分。

- 具有挑战性且需要技术。
- 注意力集中。
- 目标明确。
- 有即时反馈。
- 深深的投入。
- 控制感。
- 忘我。

- 时间停止。

请注意，上面并没有列出积极情绪，积极情绪是在事后回忆时才会跑出来的，但在活动当时并没有感觉到。事实上，“心流”最核心的一点就是没有情绪，没有意识。意识和情绪可以校正你的轨道，但当你做的事完美无瑕时，你不需要意识和情绪的校正。

投资幸福还是消费幸福

经济学提供了一个很好的例子，资本的定义是你消费后剩余的资源，你用它进行投资，期待更好的回报。资本的概念现在已应用到了非商业领域，社交资本是我们通过互动累积出来的资源，而文化资本是我们从祖先那里继承而来的，它丰富了我们的生活。那么，有心理资本吗？如果有，我们该如何去获得？

当我们在做愉悦的事情时，我们很可能是在消费。香水的味道、草莓的新鲜滋味、按摩头皮的舒服都带给我们暂时的幸福感，但是它们对未来没有任何帮助。相反，当我们体验心流时，我们在建构未来的心理资本。忘我、无意识与时间的停止，很可能都是进化在告诉我们：我们正在为未来储备资源。这样，我们可以认为愉悦是生理上的满足，而满意则是心理上的成长。

希斯赞特米哈伊跟他的同事采用经验取样法（experience sampling method, ESM）来测量心流的频率。在 ESM 中，被试身上佩戴传呼机，实验者会不定时地呼叫他们，他们必须把当时的感觉，正在做什么、想什么，有多投入等记录下来并发送给实验者。他们收集了 100 万个样本，包括不同年龄、不同种族、不同国家的人。

对有些人来说，心流是常有的体验，但对另一些人来说，则很少体验或从来没有体验过。在这个研究中，他追踪了 250 名高心流和 250 名低心流的青少年，那些低心流的青少年大多是在大卖场闲逛的孩子，他们每天看很多电视；而高心流的孩子都有自己的爱好，他们打球，花很多时间做功课。在幸福测验的每一个子测验上（如自我评价、敬业投入状况等），高心流的青少年的得分都比较好，除了一项：高心流的人认为低心流的人生活比较有趣，他们也希望每天下了课就去逛大卖场或看电视，而不是做功课。不过他们虽然认为眼前所做的并不是“享受”，但他们相信将来会享受到现在辛苦的回报。高心流的青少年日后上大学的比率高，有良好的社会人际关系，未来的生活也比较成功。这些发现都符合希斯赞特米哈伊的理论：心流能够建构未来的心理资本。

为什么越来越抑郁

如果满意有这么多的好处，那为什么人们却愿意选择愉悦呢？晚上在面临选择看一本好书，还是看无聊的电视剧时，我们通常选择后者，虽然研究结果一再显示，看电视带来的平均体验是轻度抑郁，但我们还是选择容易的愉悦而不是满意。

从 20 世纪 60 年代至今，每一个富有国家的资料都显示抑郁正急速蔓延，当今抑郁症的比率是 40 年前的 10 倍，而且患者年龄也越来越小。40 年前，第一次患抑郁症的平均年龄是 29.5 岁，现在则是 14.5 岁。这真是一个令人困惑的问题，因为所有客观的幸福指标都比以前好，我们有更强的购买力、更高的教育程度、更好的营养和医疗设备、更普及的文艺娱乐等，但是人们主观的幸福感却一路走低，这究竟是怎么回事呢？

在所有影响抑郁症的因素中，我们对“不是”比“是”更清楚。也就是说，我们知道它不是生理原因，因为我们的基因和激素在 40 年间不会有很大的改变，不可能成为抑郁症增加 10 倍的原因。它也不是生态环境造成的，因为宾夕法尼亚住了一群 18 世纪从荷兰移民到美国的阿米什人（Amish），他们还保留着当年的生活方式，拒绝汽车及电力等现代设施，日出而作、日落而息。虽然他们住的地方离费城只有 60 多公里，但抑郁症患病率却只有费城的十分之一。他们和费城人喝着同样的水，呼吸着同样的空气，吃着同样的食物。抑郁症的瘟疫跟生活条件差也无关，因为越富有的国家，患病情况越严重。在美国，黑人或墨西哥裔美国人患病率比白人低，虽然他们的生活条件不及白人。

我认为不适当的自尊，受害者心理的蔓延，加上过度的个人主义，可能是造成抑郁流行的原因。也许还有一个原因就是过度依赖暂时快乐，每个富有的国家都不遗余力地创造着通往幸福感的捷径：巧克力、电视、毒品、购物、滥交、商业化的体育运动等。

我在写上面那段话时正在吃面包圈，上面涂了黄油和蓝莓酱。面包圈不是我烤的，黄油不是我搅的，蓝莓不是我摘的，我的早饭都是走“捷径”——别人替我做好了，不需要我有任何技术或付出任何努力。如果我的人生充满了这种容易获得的愉悦，不需要我面对挑战，不需要我发挥优势，我会怎么样？我永远不知道自己有什么优势、潜能，永远不知道该如何面对挑战，而这种生活注定会导致抑郁。在一切都有捷径的生活里，优势和美德会枯萎，因为我们没有机会去发挥优势和美德。

抑郁症的一个显著症状是自我沉溺，完全不理会其他的人和事，只想着自己的感觉。心情不好其实并不是生活的全部，但对抑郁症患者而言，他只能看到这一点。当他感到悲伤时，他会在心中反复咀嚼这种情绪，并将它泛化到未来以及他所有的行为上，这样做更增加了悲伤的感觉。社会中一些过分鼓吹自我的所谓专家①说，人应该深入了解自己的感觉。于是年轻人全盘接收了这个信息，形成了自恋的人格特点，他们每天最关心的就是自己感觉如何。

---

① 此处指的是坊间流行的拼凑自我提高类书籍的作者和一些社会心理学家、心理治疗师。——译者注

满意的定义正好与“沉溺于自我感觉”相反，因为它不包含感觉、情绪，不包含自我意识，而是全身心地投入。满意驱散了自我沉溺，而且满意所产生的心流越多，一个人就越不会抑郁。所以治疗青少年抑郁症的强有力的方法是：想办法增加他们的满意度，同时减少他们对愉悦的追求。愉悦很容易就能获得，而满意则需要发挥个人优势，它来之不易，这会成为对抗抑郁症的一个有效方法。

蜥蜴告诉我们什么是幸福

放弃容易得到的愉悦而去追求比较费力的满意，刚开始时很难。满意会带来心流，但是它需要技能和努力，同时因为它要面对挑战，所以它也可能带给你失败和挫折。打网球、参加充满智慧的交谈、阅读罗素的书都可能带给你满意感。看电视、自慰、闻香水的味道不会带给你挑战，吃面包圈或看足球赛并不需要技能或努力，也不会带给你失败，这正如希斯赞特米哈伊在夏威夷时告诉我的。

> 愉悦是个有效的动机来源，但是它不会给你带来改变。我们天生就会满足自己的本能欲望和需求，获得舒适和放松……享受（满意）却不一定是令人愉悦的，它很可能是非常紧张的、有压力的。登山者常面临冻死或掉落山谷的危险，常会精疲力竭，但他们乐在其中。在蔚蓝的海边，躺在棕榈树下喝鸡尾酒当然很好，但这与在冰天雪地的山脊上的狂喜是不能相提并论的。

增加满意感跟“什么是幸福生活”是同样的问题。我的老师朱利安·杰尼斯（Julian Jaynes）在他的实验室中养了一只稀有的亚马孙蜥蜴做宠物。头几个星期，蜥蜴不肯吃东西，无论杰尼斯教授如何费心，它就是不肯吃。老师给它吃生菜、坚果、超市买回来的肉馅，甚至捕苍蝇、捉昆虫，还把水果打成汁……这些都没用，蜥蜴一天天消瘦下去，眼看就要饿死在他面前了。

有一天，杰尼斯教授带了一个火腿三明治做午餐，他分了一些给蜥蜴，一如既往，它没有兴趣。接着杰尼斯拿起报纸来看，当他看完头版时，他把看完的报纸放在了火腿三明治上。蜥蜴看到此情景后，立刻在地板上匍匐前进，跳上报纸，把它扯碎，一口把火腿三明治吞下。原来蜥蜴需要潜行攻击、扯碎食物后才会吃东西。

蜥蜴已经进化成需要匍匐潜行、攻击、撕裂然后才进食。猎食是它的优势和美德，这对蜥蜴来说很重要，如果它没有发挥自己的优势和美德，胃口就不会苏醒。动物一日不做一日不得食，它们没有幸福的捷径。人比蜥蜴复杂多了，我们的复杂缘于我们的大脑，我们的大脑被千百万年的生存环境所塑造。我们的愉悦和胃口也在进化中形成了与我们行为的紧密关系，这些行为当然比蜥蜴的匍匐潜行、跳起来攻击和撕裂更复杂、更精致，你不应该忽略它们，要不然你便会付出代价。对蜥蜴来说，放弃优势和美德会让它们无法获取食物进而饿死；对人来说，放弃优势和美德会让他们即使财富加身也会感到沮丧、抑郁，甚至在心灵上饿死。

有些人会问："我怎样才会幸福？"这是一个错误的问题，因为如果你不能区分愉悦和满意，你就会完全依赖捷径，去寻求生活中容易得到的愉悦。我并不是反对愉悦，我只是想说，你可以主动进行控制，以提升你的积极情绪到更高层次的幸福感。感恩、宽恕和如何避开决定论的教条，能增加过去的积极情绪；通过反驳学会希望与乐观，增加未来的积极情绪；打破习惯化的陋习，通过品味、正念来增加现在的积极情绪。

当你一生都在追求积极情绪时，你也许找不到真正的幸福。亚里士多德 2 500 年前就问过真正正确的问题："什么是幸福的生活？"我的回答是找出你的优势并发挥它。

我会在下面几章中将这个答案解释清楚，这要从增加你生活中的满意着手，这远比获得积极情绪难。希斯赞特米哈伊很小心地避免写"励志"（self-improvement）类的书，他所有关于心流的书都致力于告诉你，谁有心流、谁没有，但是他从没有直接告诉你如何得到心流。一部分原因是他习惯于采用欧洲传统的描述方式，他希望读者在仔细阅读现象后，可以找出最适合自己的方式。相反，我习惯于美国传统的方式，既然我们已经知道了满意从何而来，我们就应该告诉别人如何去增强它。本书的后半部分就是我的忠告，它们无法快速达成也不容易做到，但是只要你愿意听，我便愿意告诉你。

塞利格曼的解答

Authentic Happiness

1. 避免习惯化，品味和正念可以帮你增加生活中的愉悦。把能带给你愉悦的事情分隔开，避免审美疲劳。跟其他人分享你的愉悦；并保留能唤醒愉悦记忆的东西；祝贺自己；打开所有感官通道，专注地品味细节。放慢脚步，用心去感受生活，用新的角度去观察世界。

2. 获得满意感其实很简单。你要做有挑战性且需要技术的事情；要集中注意力；要有明确的目标；要能得到即时的反馈；你应该深深地投入到所做的事中；有能够掌控的感觉；忘我，感觉时间就此停滞。

第二部分

幸福在哪里

Authentic Happiness

Using the New Positive Psychology
to Realize Your Potential for Lasting Fulfillment

第 8 章

拉近幸福的六种美德

无论品行从何而来，
它都不只是环境的产物，
甚至可以说它和环境的关系很小。

我们的困惑	1. 人会养成坏习惯、会为非作歹，会有心理问题，究竟是因为他们天生品性不好，还是因为环境所迫？ 2. 有放之四海而皆准的美德标准吗？如果有，它们是什么？

我们不是敌人而是朋友，我们一定不要变成敌人。虽然热情会耗尽，但我们之间的爱不会被摧毁。记忆的神秘长弦，从每一个战场，每一个为国捐躯者的坟墓，延伸到全国每一个活着的人的心田，相信再次拨动这记忆之弦的一定是我们本性中的善良天使。

——亚伯拉罕 · 林肯

当南方和北方处在美国历史上最惨烈的战争边缘时，林肯曾呼吁唤醒“人性中的善良天使”，使人们停止战争，但没有用，战争还是爆发了。我们可以确定这位美国历史上最伟大的总统是很谨慎小心地撰写他的演说词的，这些字句代表了 19 世纪中叶受过教育的美国人的基本假设：

- 人有本性。
- 行为是品性的外显。
- 品性有两种形式：好的品性与坏的品性。

天生坏，还是环境坏

这些假设几乎都从 20 世纪的心理学研究中消失了，而它们的兴亡史正与我要讨论的好品性有关，好人格是积极心理学研究最主要的假设。

19 世纪的疯人院非常强调好的品性，大部分疯子都被认为是道德堕落者，所以当时主要的治疗法是“道德治疗法”（尝试用美德去取代坏的品性）。禁酒运动、妇女选举权、儿童劳动法、废止奴隶制度等都是由此衍生而来。林肯本身就是在这种环境下长大的孩子，所以他对南北战争的看法就不足为奇了。

那么，品性又是什么？为什么说人性中有善良天使呢？

南北战争以后的 10 年，美国面临着另一个危机——劳工运动。罢工和街头暴动在整个美国蔓延，到 1886 年，暴力的劳资冲突已经像瘟疫一样席卷全美，最高点是芝加哥秣市广场（Haymarket Square）惨案。一个由罢工者和暴动者组成的国家会是什么样子？这些人怎么会做出这么无法无天的事？最明显的解释就是这些人道德沦丧、邪恶、愚蠢、虚伪、残忍、冲动、没良心。坏品性当然导致坏行为，每一个人都应该为自己的行为负责。但这种解释已发生了改变，同时政治和社会生活也在改变。

有人指出这些人目无王法，具有暴力倾向的人都来自下层阶级，他们的工作环境和生活条件都非常差：在炎热或寒冷的工厂中做工，一天工作 16 个小时，只领到微薄的工资；所有人挤在一个房间吃和睡；他们没有受过良好的教育，不认字，总是处于饥饿和疲倦状态。诸如社会阶级、工作环境、贫穷、营养不良、简陋的住宅、缺乏教育等种种因素并非源于坏品性或道德沦丧，而是来自环境——人无法控制的因素。因此这些人目无法纪、崇尚暴力可能是因为环境的影响。用我们现在的眼光看来，恶劣的生活条件能导致不良行为是很明显的，不过在当时，人们很难认识到这一点。

神学家、哲学家及社会批评家都出来表达他们的意见，或许这些没洗脸、没洗澡、肮脏的群众不应该为自己的坏行为负责。他们认为传道者、教授和专家学者不应该再要求每个人都要为自己的行为负责了，而是要让他们的阶级去为这些没有责任能力的人负责。20世纪初，目睹了新科学的诞生，美国大学开始设立社会科学系，目标就是解释一个人的行为不是由其品性造成的，而是由个人控制之外的恶劣环境造成的。这门科学是积极环境论的胜利。假如城市里的犯罪率提高了，社会科学家会提出改善城市不良的社会功能，以减少犯罪；假如无知的人更愚蠢了，社会科学家会指出校正它的方式是普及教育。

所以有很多后维多利亚时期的人会热烈地拥护马克思、弗洛伊德，甚至达尔文的理论都会被看成对品性说的不满。马克思告诉历史学家及社会学家不要将罢工、目无法纪和坏习惯怪罪到个人身上，因为这是阶级斗争和劳资对立造成的，所以马克思主张无产阶级革命。弗洛伊德告诉精神科医生和心理学家不要去责怪情绪有问题的个体，因为他们自我毁灭的行为是不可控制的潜意识冲突力量所造成的。达尔文主张不要责怪一个人的贪婪和恶性竞争，因为这仅仅是物竞天择的产物而已。

社会科学不但给了维多利亚时代的道德主义一记耳光，更重要的是它奠定了平等主义的原则。从坏环境会产生坏行为到有的时候坏环境也会践踏好品性，中间只有一小步而已。甚至有好品性的人也会屈服于恶劣环境，品性无论好坏都是环境的产物。所以社会科学让我们从道德、指责、宗教和阶级压迫的看法中逃脱出来，去建构一个比较健康的社会环境。

品性无论好坏，对刚刚萌芽的行为主义学说来说都没有任何作用，任何有关天性的想法都会受到诅咒，因为行为主义只承认后天的影响。心理学只有一个角落还在谈人格，那就是人格心理学。虽然政治风向改变了，个体在不同时间、不同情境中仍然重复着同样的行为模式，但还是有人认为不好的行为是遗传来的，虽然这方面的证据很少。戈登·奥尔波特（Gordon Allport）这位现代人格心理学之父，以“提倡品性和美德”为工作目标。但是他不喜欢前面提到的两个名词——维多利亚和道德主义，他需要一个比较现代的、科学的、没有价值负担的词，而“人格”正是一个完全中立的科学名词。对奥尔波特和他的学派来说，科学应该只是描述现象，不应该规定它应该是什么样子。人格是个描述性的词，而品性具有指定性，因此背负着道德意味的品性和美德就被挟带进入了科学心理学，不过伪装成了中立的“人格”。

虽然品性与美国平等主义的理念不合，但是它并没有消失，整个 20 世纪的心理学都在想着把品性、个性从奥尔波特的人格理论、弗洛伊德的潜意识冲突、斯金纳的自由与尊严以及生态学家的本能理论中驱除出去，但一点用也没有。好和坏的品性仍然存在于我们的法律、政治之中，跟我们教养孩子及我们对别人行为的解释都有着密切联系。任何一门科学不以品性做基石，而想解释人的行为都是行不通的。所以我认为现在该重新把品性带回行为解释的科学研究中，它应该是解释人类行为的中心概念。为了达到这个目的，我必须说服你，因为放弃这个概念的理由现在都不存在了。

以前放弃品性有三个主要原因：

1. 品性完全来源于经验。
2. 科学不应该是指定性的，它应是描述性的。
3. 品性带有价值负担，跟维多利亚时期的新教教义关系太密切。

第一点在环境主义毁灭后便不存在了，行为主义所主张的我们只是经验的结合也在诺姆·乔姆斯基（Noam Chomsky）证明人可以理解并且说出他从来没有听过的字句后逐渐瓦解，这表示大脑中一定有个语言获得装置，这个装置是超越经验的。后来学习理论发现动物和人都在进化作用下对学习某些行为或关系有“心理准备”（readiness）的现象（例如，小猴子对蛇的害怕，味觉与生病的联结只要一次就形成），这更加速了行为主义的崩溃。人格的可遗传性是打败行为主义的最后一击。我们可以说不管品性从何而来，它都不只是环境的产物，它跟环境的关系甚至可以说是很少的。

第二个反对原因是说品性有评价的意味，科学应该保持道德上的中立。我完全同意科学应该是描述性的而不应该是指定性的，积极心理学并不是告诉你应该乐观、高尚，要有幽默感，它只是描述这些人格特质的结果，例如乐观的人比较不会抑郁、身体比较健康、比较会有成就。你对这些信息的处理方式完全取决于你的价值观和你的目标。

最后一点是说，品性来自 19 世纪新教徒的看法，对 20 世纪的多元化社会没有应用价值。这种狭隘的地方主义对任何优势和美德的研究都是严重的伤害。我们可以只研究 19 世纪美国新教徒所推崇的美德，也可以去研究现代中年白人男性学者的美德，但更好的起始点是研究所有文化都强调的价值观和美德，所以下面我们就从这里开始。

六种普遍存在的美德

在这后现代主义和道德相对论盛行的新世纪，美德已被视为一种社会的约定俗成，不同时期、不同地区的人对道德的看法也有所不同。所以在 21 世纪的美国，自尊、果敢、自主、独特、竞争性等成为大家所推崇的人格特质。托马斯 · 阿奎那、孔子及亚里士多德可能都没有上述人格特质，那么他们是不是应被指责呢？贞洁、沉静、宏大这些以前被认为是重要的美德，现在我们对此已经很生疏，有些甚至被鄙视了。

所以我们可能很惊讶地发现，竟然还有六种美德是世界上主要宗教及文化传统都倡导的。那么，“我们”是谁？我们要找寻的是什么？

“我对出钱支持学术界做的那些项目已经厌倦了，这些项目做完了以后就被束之高阁。”辛辛那提市迈耶森基金会的领导人尼尔·迈耶森（Neal Mayerson）对我说。他在 1999 年 11 月的一天给我打电话，因为他读到一篇我写的有关积极心理学的专栏文章，认为我们应该合作完成一个课题。但做什么课题呢？我们一致认为，通过增强年轻人的积极情绪来防止抑郁症是最好的起始点。所以我们将几个资料最完整、最有效的干预法展示给青少年发展专家看，由他们来评定应该支持哪一个方案。

在晚饭时，评审委员以最令人惊奇的方式达成了一致。“每一种干预法都很值得称赞。”乔·科纳蒂（Joe Conaty）说。科纳蒂是美国教育部 5 亿美元校外项目的负责人。他说：“我们就从最先要做的事做起吧，我们首先必须知道我们想要改进什么，否则我们就无法改进年轻人的品性。我们需要分类标准以及测量品性的方法，尼尔，把你的钱用在品性分类方法上吧！”

这个想法其实以前就有过。20 世纪 70 年代，国家心理健康研究所也碰到过同样的问题，美国和英国的研究者在心理疾病的界定上有很大差异，也就是说，在英国被诊断为精神分裂症和强迫症的患者，跟在美国被诊断为精神分裂症和强迫症的患者有很大的不同。

1975 年，我曾经参加过在伦敦举行的一次会议，与会者都是学有专长的精神科医生和心理学家。会议中进来一位中年妇女，她神情憔悴、神志不清，她的问题在于每一次上厕所时，都必须仔细检查马桶，看了又看之后才冲水。她这样做是为了看看马桶里有没有胎儿，她很担心一不小心就把胎儿冲掉了，所以她不停地检查，直到放心后才冲水。这个女人离开之后，每个人都要说说自己的诊断，因为我是远客，所以他们叫我先说。我根据她神志不清及知觉障碍的状况判断她患有精神分裂症，但是其他人都说她是强迫症，因为她不停地检查马桶。

这种在诊断上的不一致被称为“不可靠性”（unreliability）。很显然，除非我们用同样的标准来诊断，否则心理疾病或精神疾病研究是不可能进步的。我们不可能发现精神分裂症患者跟强迫症患者在神经传导物质上有何不同，除非我们能够把患者归类。国家心理健康研究所决定写一本诊断手册，也就是第三版的《精神障碍诊断与统计手册》。以这本手册为标准，我们就可以得到可靠的诊断，这样我们才能发展预防的方法。这种做法的效果很好，今天精神疾病的诊断非常一致、可信，当进行治疗或预防时，我们就可以采取相应的措施。

所以积极心理学如果没有一个大家都同意的分类标准，那就会像以前的精神疾病诊断一样各说各话了。童子军会说他们的节目使参与者"更友善"，婚姻咨询家会说他的方法使夫妻"更亲密"，基督教会说他们的项目使人"更有爱心"，而反暴力团体会说他们的方案使人们"更有同情心"——但这些人所谈的都是同一件事吗？他们怎么知道自己的计划是有效的？所以尼尔跟我就决定编制一个分类标准，以第三版《精神障碍诊断与统计手册》为蓝本，为积极心理学找出一个放之四海而皆准的评价标准。我的责任便是找一流的心理学家来参与这项工作。

"彼得森，"我请求道，"在你听我说完之前请先不要拒绝我。"我的第一个选择是克里斯托弗·彼得森（Christopher Peterson）博士，他是一位杰出的科学家，写过好几本畅销的人格心理学教材，密歇根大学临床心理学系主任，也是研究希望与乐观的世界知名权威学者，但是我对他会不会答应不敢抱任何希望。

"我希望你向密歇根大学请三年假，搬到宾夕法尼亚大学来做积极心理学项目的负责人。完成一个类似《精神障碍诊断与统计手册》的评价标准，对人类的优势进行权威地分类与测量。"我对他解释着，然后等待他礼貌的拒绝。但出乎我的意料，我听到他说："这真是一个奇怪的巧合，昨天是我50岁的生日，我坐在那里想，我的后半生要做些什么呢……我接受这个挑战。"他就这么简单地答应了。

彼得森要我们做的第一件事，便是去阅读世界上主要宗教和哲学派别的基本论著，列出它们所推崇的美德，找出各个宗教、哲学传统都赞同的美德。我们想避免被人指责所选的优势和美德是狭隘的，只符合维多利亚时期清教徒的标准，是美国学术圈中白人男性的想法。我们希望我们的选择具有广泛性，但又不愿意落入人类学家的某些愚昧结论。假如我们找不到跨文化的一致性的美德，那我们只好像《精神障碍诊断与统计手册》一样，说这是近代美国主流所认同的美德，但是我们还是希望我们的标准能够避免区域性，具有普适性。

在凯瑟琳·达斯嘉（Katherine Dahlsgaard）的带领下，我们读了亚里士多德、柏拉图、阿奎那、奥古斯丁、富兰克林的著作，以及《旧约》《犹太法典》《论语》《道德经》《古兰经》《奥义书》，以及佛教经典和日本武士道相关资料等，总共找出了 200 多种美德，令我们惊奇的是，研究了整个世界横跨 3 000 年历史的各种不同文化后，我们归纳出以下六个放之四海而皆准的美德：

- 智慧与知识。
- 勇气。
- 仁爱。
- 正义。
- 节制。
- 精神卓越。

虽然每种文化在美德的细节上各有不同，但它们都有一些共同点，而且这些共同点使我们更加相信，人类是有道德的动物。

所以我们以这六种美德作为人的基本品性，因为这是世界上所有宗教、所有哲学学派都支持的六种美德。但是，智慧、勇气、仁爱、正义、节制与精神卓越都太抽象了，心理学家无法测量它们。而且，我们可以想出好多种获得这些美德的方法，为了建构和测量美德，我们便将注意力集中在了这些方法上。例如，仁爱可以经由仁慈、博爱、爱人与被爱的能力、牺牲或热忱来获得，而节制可经由谦虚、纪律、自我控制或谨言慎行来获得。

因此，下一章我要谈如何获得这六种美德。

塞利格曼的解答

Authentic Happiness

1. 19 世纪，人们普遍认为坏行为是由人的坏品性造成的，因此个人应该为自己的行为负全权责任。但从 20 世纪初开始，各界学者逐渐认识到，坏环境会产生坏行为，有时候坏环境也会践踏好品性，有好品性的人也会屈服于恶劣环境，品性无论好坏都是环境的产物，所以要从环境的角度去解释人类的行为。

2. 通过研究各国的文化经典，积极心理学家们总结出六种具有普适性的美德，它们是智慧与知识、勇气、仁爱、正义、节制、精神卓越。

Using the New Positive Psychology
to Realize Your Potential for Lasting Fulfillment

第9章
获得幸福的24个优势

获得美德需要意志力（非本性）
与选择性（自己愿意做），
而优势与美德通常以双赢的局面出现。

我们的困惑	1. 既然通过发挥优势可以获得幸福，那有哪些普适的优势呢？ 2. 我怎么能知道自己具有哪些优势？什么是我突出的优势？

本章的目的在于使你找出自己的突出的优势，并且加强它们，同时在生活中运用它们。

天赋与优势

正直、勇敢、创造性和仁慈等优势与天赋不同。天赋包括良好的乐感、姣好的容貌或飞毛腿。优势与天赋都是积极心理学研究的课题，两者虽然非常相似，但前者是道德上的特性而后者则没有道德意味。此外，天赋一般是指天生的，不像优势是可以培养的。当然，你可以通过训练提高百米冲刺的速度，或是涂上化妆品使你看起来更美丽，或是听很多古典音乐来增进你的乐感，不过这些改进都是有限的，你只能在现有水平上再增加一点而已。

但是，正直、勇敢、创造性和仁慈等优势，即使你没有很好的基础也可以构建出来，我认为只要有足够的练习、持之以恒、良好的教导与全心投入，你就可以使它们生根发芽、茁壮成长。如果你天生没有很好的乐感或很大的肺活量来支撑长跑，就算拼命练习，所能改进的空间也是非常有限的。但是热爱学习、谨慎小心、谦虚或乐观就不一样了，当你获得了这些优势后，你就真正地拥有它们了。

天赋相对于优势来说是比较无意识的，而优势是有意识的。你对于天赋所面临的选择是把它发挥出来还是深藏不露，而不是有没有的问题。例如“吉儿是个非常聪明的人，但她浪费了自己的天赋”这句话很合理，因为它表示吉儿选择不去用她的天赋，她对自己有没有高智商并无选择权。而“吉儿是个很仁慈的人，但是她却浪费了她的仁慈”这句话就不通了。你无法浪费自己的优势，你对于优势所面临的选择是什么时候用它们，以及要不要继续加强它们，也包括你一开始时要不要去拥有它们。只要有足够的时间、毅力与努力，每个人都可以拥有我在下面列出的优势，而天赋却是无法凭毅力去获得的。

在上一章所讲的“品性”面临的事情，“意志”也面临着。事实上，科学心理学在同一时间因为同样的理由放弃了这两个概念，然而，意志以及个人的责任却是积极心理学研究的核心，因为它们都属于好品性。

为什么当我们告诉收银员，他少收了 50 元时，我们的自我感觉会很好？并不是因为我们突然间发现了自己有诚实的品质，而是为我们做了一件正确的事情而感到骄傲。我们选择了一个困难行为，如果做这个决定不需要花任何力气，我们就不会觉得这么骄傲了。事实上，如果我们曾经有过内心挣扎（如“这是一家很大的连锁店，少收 50 元没关系……不过在结账时，他可能要赔这 50 元”），我们对自己的决定会更感到骄傲。我们看到职业篮球明星乔丹轻松灌篮时的感觉，与我们看到他得了流行性感冒，发着 40 度高烧仍独得 38 分的感觉是不一样的。某人轻松自如的表现会激起我们的羡慕、崇拜、敬畏，但是不会对我们产生激励作用。

简单地说，当我们用意志力去做一件好事时，会觉得很高兴。请注意，在谈到美德时，无论社会科学家做了多少研究，我们都不能不把功劳归于19世纪的神学家。我们不会对自己说：“我不应该为我的诚实感到骄傲，因为我生长在一个好家庭，受到良好的家教，50元并不关系到我的饥寒，因为我有一份稳定的好工作。”在我们的内心深处，我们知道这个行为来自我们诚实的良好品德，并且是我们选择这样做的。对我们来说，美德需要意志力（非本性）与选择性（自己愿意做）。

积极心理学与其他心理学在干预上的最大差别也在于此。一般来说，心理学都是修补损坏，如将 –6 改进到 –2，但仍然是消极的，即从大坏修补到小坏而已。能够有效地使问题变小的干预通常都是很强烈的手段，同时这种改变发生时，个人意志力与外界环境的平衡点是偏向外界环境的。药物的药效跟意志力毫无关系。心理治疗常被认为是“塑造”（shaping）或“操控”（manipulation），治疗师一般是主动的，而患者是被动的，如把恐惧症患者放进狭小的衣橱中三个小时，或是用关掉电击的方式鼓励自闭症小孩拥抱他人的这类方法。相反，心理分析学派的治疗师则相当被动（很少开口说话，从来不采取行动），这种治疗法也没有什么好疗效。

然而，当我们想将生活从 +3 往上移到 +8 时，意志力就比操控外界环境更重要了。建构自己的优势与美德，并且把它运用到每天的生活中上其实是一个不错的选择。建构优势与美德并不是学习、训练或制约，而是发现、创造和拥有。我喜欢的积极干预方式之一就是去做下面的调查，思考一下哪些优势是你已有的，又该如何在每天的生活中使用它们。你会很惊讶地发现自己的创造性，而你对美好生活的渴望也会从这里自主展开，根本不需要我的干预。

24 项优势

要成为一个高尚的人，你必须拥有上述六种美德（如果不能全有，至少也要有大部分）。当然，获得智慧、勇气、仁爱、正义、节制与精神卓越有很多方法，例如，我们可以通过良好的行为、公平、忠诚与团队合作来展示正义的美德。我把获得这些美德的途径叫作优势，这些优势是可以测量的，也是可以学会的。你会发现下面所描述的这些优势是跨文化的，你可以看看下面的 24 种优势中哪些是你已经拥有的。哪些品性可以成为优势呢？优势必须具备下列的条件。

第一，优势是种心理特质，应该在不同的情境中长期存在。偶尔出现的一次仁慈行为并不代表有仁爱美德。

第二，这个优势本身有价值，常能带来好的结果。例如，好的领导能力通常会带来尊敬和赞扬。虽然优势和美德都会带来这些结果，但优势在没有这些好处时依然有价值。前面我谈到，满意本身就具有存在的价值，并不是因为它能带来积极情绪。的确，亚里士多德认为一个人为了外在原因而做出的善行并不是美德，因为它们是被迫或是被诱导产生的。

我们也可以从父母对孩子的期望中看到什么是优势（我希望我的孩子是个充满爱心的人，很勇敢，不鲁莽）。大部分父母不会说他们希望孩子不要心理变态，就像他们不会说希望孩子做个中层管理者一样。或许有的母亲会希望女儿嫁给百万富翁，但是她会解释嫁给有钱人有什么好处。我们所谓的优势是大家都想要，但不需要做额外解释的东西。

一个人优势的展现并不会减少身旁其他人展现的机会，别人反而会被这种高尚行为所激励，心中充满了敬仰而不是嫉妒。做一件你认为正确的事情常会使你产生真正的积极情绪：骄傲、满足、欢乐、充实或和谐感。由于这个原因，优势与美德通常都以双赢的局面出现，当我们遵从优势和美德做事时，大家都可以成为赢家。

你的优势从哪里来

文化通过机构（学校）、礼仪、楷模、寓言、格言或童话等形式来支持优势的发展，学校和礼教使儿童和青少年能在一个安全的环境里、特定的条件下练习及发展这个文化希望他们拥有的美德。学校强调高中生的公民精神及领导能力，少年棒球联盟强调的是团队精神、责任感及忠诚，基督教教义班希望培养孩子们的信仰。当然，学校或民间机构的教育也可能会有不好的结果，例如，不计代价一定要赢的教练或是让六岁孩子参加选美活动，但是这些不好的方面很显著，并会遭到大家一致的谴责。

文化中的楷模和寓言故事通常都很强烈地表达出优势和美德。这些楷模可以是真人真事（如甘地和他的人道主义），也可以是真实性存在疑问的故事（如华盛顿与诚实的故事），或是完全虚构的人和事。美国棒球明星卢·格里克（Lou Gehrig）和卡尔·瑞贝肯（Carl Ripken）是坚毅的代表，海伦·凯勒是爱与学习的典范，发明家爱迪生是创造力的楷模，白衣天使南丁格尔是仁慈的化身，特蕾莎修女是博爱的榜样，职业棒球名人威利 · 史塔格尔（Willie Stargell）是领袖的表征，第一个进入美国职业棒球大联盟的黑人选手杰基 · 罗宾逊（Jackie Robinson）是自我控制的典型。

一些优势有先天的成分，有些孩子很早就展现出某一方面的能力。我在宾夕法尼亚大学教积极心理学时，在第一堂课上我让学生做自我介绍，但我不让他们说“我是某某，现在是心理系与金融系双学位班三年级学生”，我要他们说一个最能表现他优势的故事。一位叫莎拉的女生说，她十岁左右时注意到父亲工作很努力，父母之间的感情却直线下降，她很害怕他们会离婚，所以就自己去社区图书馆借阅有关婚姻方面的书。对一个十岁的孩子来说，这已经很让人吃惊了，更特别的是，她将晚餐时间的对话导向婚姻沟通，鼓励父母共同解决问题，引导他们在争执时不进行人身攻击，而是表达他们的喜好与厌恶。也就是说，她十岁时就表现出了社会知识上的优势，她的父母也一直没有离婚。

与这种优势相反的是所谓的白痴（idiot，从希腊文“没有社会化”而来），美国有个奖叫作达尔文奖（Darwin Awards），得奖的都是这类白痴，即通过愚蠢的方式毁灭自我，为人类进化做出贡献的人。《寂静的春天》（*Silent Spring*）一书的作者蕾切尔·卡尔松（Rachel Carson）是审慎的楷模，下面这个人却和她正相反。

> 一名休斯敦的男子用 0.45 口径的半自动手枪玩俄罗斯轮盘赌命游戏时获得了一个教训。19 岁的拉萨德在朋友家时突然宣布，他也要玩这个死亡游戏，他显然不知道半自动手枪跟左轮手枪是不同的，当枪上膛时，半自动手枪中的子弹会自动进入弹膛。他发现，自己赢得这场赌局的概率是零。

有一个很重要的问题，为什么在满是正面榜样的环境中长大的孩子，会选择学习坏榜样而不学习好榜样呢？是什么因素导致孩子们去注意“臭名昭著”的纽约房地产大亨特朗普（2016 年当选为美国第 45 任的总统）或饶舌歌手痞子埃米纳姆（Eminem）呢？

我们选择优势的最后一条标准是它必须具有普适性，即在任何一种文化中都受到推崇。说实话我们很难找到例外，各个民族、各种文化基本上都重视同样的品德。你会发现许多现代美国人所强调的优势并没有出现在我们的列表中，例如美貌、财富、好胜心、自尊、知名度、独特性等。这些优势当然值得研究，但是它们不在我们的优先列表上。我们的目的是找出可以适用于日本人、伊朗人和美国人等的共同标准。

你突出的优势是什么

在我描述这 24 个优势之前，请你先上我的网站（www.authentic-happiness.org）去做一下优势调查（VIA Strengths Survey）。这份问卷大约会花费你25分钟，它会将你的优势依序排列，最强的在最上面，并且将你的结果与几千名做过这份问卷的人相比较，你一做完就可以知道自己的优势在哪里。上不了网的人也可以做书上提供的问卷。书上的问卷虽然简短但也足以让你辨识出自己的优势。在问卷中，每个优势包含两个通过调查得来的具有鉴别力的问题，问题下面是需要你来填的量表，你的答案会显示出你的优势的排序，这跟在网络上做的结果基本相同。

智慧与知识

第一个美德群集是智慧。有六种途径可以展示出智慧，从最基本的好奇心到最成熟的洞察力，依序进行。

1. 好奇心、对世界的兴趣

好奇心使我们对不符合预想的事物产生尝试的兴趣。好奇的人不会容忍模棱两可的情境，他们会去追求真相。好奇心可以是很特定的（如只对玫瑰花），也可以是很广泛的（对每一件事都睁大眼睛去观察）。好奇心驱使我们主动地追随新奇的事物，而被动地吸收信息，如坐在沙发上吃着薯片，看着电视就不属于这个范畴。好奇心反面是容易厌倦。

假如你不打算用网上的问卷的话，请回答下面这两个问题：

A“我对世界总是很好奇”这句话：

5 非常符合我　　4 符合我

3 既没有符合也没有不符合　　2 不符合我

1 非常不符合我

B“我很容易感到厌倦”这句话：

1 非常符合我　　2 符合我

3 既没有符合也没有不符合　　4 不符合我

5 非常不符合我

请把上面两项的分数加起来写在这里_____，这是你的好奇心分数。

2. 喜爱学习

你喜欢学习新的东西，无论在课堂上还是在生活中；你喜欢上学、阅读、去博物馆，去任何可以学到新东西的地方。你是某个领域的专家吗？你的专长被周围的人敬佩吗？还是有更多的人敬仰你？在没有任何外在诱因的情况下，你还会对这个领域有继续学习的兴趣吗？例如，邮差对邮政编码都很精熟，但这只是他们工作上的需要，并不表示他们对此有兴趣。

A“每次学新东西我都很兴奋”这句话：

5 非常符合我　　4 符合我

3 既没有符合也没有不符合　　2 不符合我

1 非常不符合我

B“我从来不会特意去参观博物馆或其他教育性场所”这句话：

1 非常符合我　　2 符合我

3 既没有符合也没有不符合　　4 不符合我

5 非常不符合我

请把上面两项的分数加起来写在这里_____，这是你喜爱学习的分数。

3. 判断力、判断性思维、思想开放

能够周详地考虑事情的方方面面是人很重要的一个优势。这样的人不会草率下结论；根据真凭实据来做决定；并且愿意改变主意。

我所谓的判断力是指客观地、理性地筛选信息，做出的判断利己也利人，这种情形的判断力是批判性思维的同义词。它以事实为导向，它的对立

面是错误的逻辑或非黑即白的二分法，这个优势的特点就是不会将自己的需要和诉求与事实相混淆。

A“不管是什么主题，我都可以很理性地去思考它”这句话：

5 非常符合我　　4 符合我
3 既没有符合也没有不符合　　2 不符合我
1 非常不符合我

B“我经常会很快做出决定”这句话：

1 非常符合我　　2 符合我
3 既没有符合也没有不符合　　4 不符合我
5 非常不符合我

请把上面两项的分数加起来写在这里_____，这是你的判断力分数。

4. 创造性、实用智慧、街头智慧

当你看到自己梦寐以求的东西时，你会有创新的方法去获得它吗？你不满足于大家都用的方法，这类优势就是创造性。我指的不仅是传统意义上的、艺术方面的创造性，它还包括实用智慧、常识或生活智慧。

A“我喜欢以不同的方式去做事情”这句话：

5 非常符合我　　4 符合我
3 既没有符合也没有不符合　　2 不符合我
1 非常不符合我

B“我的大多数朋友都比我有想象力”这句话：

1 非常符合我　　2 符合我
3 既没有符合也没有不符合　　4 不符合我
5 非常不符合我

请把上面两项的分数加起来写在这里_____，这是你的创造性分数。

5. 社会智慧、个人智慧、情商

社会和个人智慧是对自己及他人的认知，你能了解别人的动机和感觉，并且能对它做出很好的回应。具有社会智慧的人能注意到人与人之间的不同点，尤其是他们情绪、脾气、动机和意图的不同，然后针对这些不同做出恰当反应。不要将这种优势与内省或沉思相混淆，这里指的是社会技巧。

具有个人智慧的人能对自己的感情进行评估，并且用以指导行为。将上述两者结合起来就是丹尼尔·戈尔曼（Daniel Goleman）所说的情商（Emotional Quotient，EQ）。这个优势是其他优势的基础。

这个优势的另一个层面是能找到自己的用武之地，最大程度地发挥自己的技能和兴趣。你是不是选择了合适的工作、友人和业余爱好，以使你的优势得以发挥？你做的工作是不是你最擅长的事情？盖洛普调查显示，对工作最满意的人是“每天都能做自己最拿手的工作的人”。

A“无论是什么样的社会情境我都能轻松愉快地融入”这句话：

5 非常符合我　　4 符合我
3 既没有符合也没有不符合　　2 不符合我
1 非常不符合我

B“我不太知道别人在想什么”这句话：

1 非常符合我　　2 符合我
3 既没有符合也没有不符合　　4 不符合我
5 非常不符合我

请把上面两项的分数加起来写在这里_____，这是你社会智慧的分数。

6. 洞察力

我用洞察力（perspective）来代表这个类别最成熟的优势，它已十分接近睿智。很多人会请具有这种优势的人给自己提供指引，用他们的经验来帮助自己解决问题。他们看问题的方式能使这些问题迎刃而解，智者是生活中解决问题的专家。

A“我可以看到问题的整体大方向”这句话：

5 非常符合我　4 符合我

3 既没有符合也没有不符合　2 不符合我

1 非常不符合我

B“很少有人来找我求教”这句话：

1 非常符合我　2 符合我

3 既没有符合也没有不符合　4 不符合我

5 非常不符合我

请把上面两项的分数加起来写在这里_____，这是你的洞察力分数。

勇气

这是指在很不利的条件下，还能为达成理想目标而勇往前进。这个美德是具有普遍性的，全世界各个民族都敬仰有勇气的人，每一个民族都有他们自己的英雄。我将勇敢、毅力与正直作为这个美德的三种表现。

7. 勇敢与勇气

一个勇敢的人是能够将恐惧情绪与自己的行为分开的人，他会抗拒要逃跑的冲动，面对恐惧情境，他不去理会主观和生理反应所带来的不适。胆大妄为和冲动并不是勇敢，虽然害怕但仍能面对危险才是勇敢。

现在勇敢的意义已超越了战场上的勇敢及身体上的勇敢，还包括道德上的勇敢和心理上的勇敢。道德上的勇敢是明知站出来会带给你不利，但仍挺身而出。20 世纪 50 年代，罗莎·帕克斯（Rosa Parks）挑战在公共汽车上黑人应该让位给白人的不合理法令，就是一个很好的例子。挺身而出揭发政府或公司的弊端是另一种有勇气的例子。心理上的勇气包括泰然地、甚至愉悦地面对逆境或重病，不为此丧失尊严。

A“我常常面对强烈的反对”这句话：

5 非常符合我　　4 符合我

3 既没有符合也没有不符合　　2 不符合我

1 非常不符合我

B“痛苦和失望常常打倒我”这句话：

1 非常符合我　　2 符合我

3 既没有符合也没有不符合　　4 不符合我

5 非常不符合我

请把上面两项的分数加起来写在这里_____，这是你勇敢的分数。

8. 毅力、勤劳、勤勉

有毅力的人有始有终，勤勉的人会承担困难的工作并把它完成，而且没有抱怨。这样的人不仅完成所承诺的部分，有时还更多，但绝不会少。毅力并不是不顾一切地追求不切实际的目标。勤勉的人是有弹性的、务实的，而且不是完美主义者。野心有积极和消极的意义，它积极的一面便属于这个优势类别。

A“我做事都有始有终”这句话：

5 非常符合我　　4 符合我

3 既没有符合也没有不符合　　2 不符合我

1 非常不符合我

B“我做事时常会分心”这句话：

1 非常符合我　　2 符合我

3 既没有符合也没有不符合　　4 不符合我

5 非常不符合我

请把上面两项的分数加起来写在这里____，这是你毅力的分数。

9. 正直、真诚、诚实

一个诚实的人不但实话实说，而且真实地面对生活。他不虚伪，为人真诚。我所指的正直、真诚不仅是不说谎，还包括真诚地对待自己与他人，无论说话办事都诚诚恳恳、说一不二。如果你对自己真诚，就不可能对别人虚伪。

A“我总是信守诺言”这句话：

5 非常符合我　　4 符合我

3 既没有符合也没有不符合　　2 不符合我

1 非常不符合我

B“我的朋友从来没说过我是个实在的人”这句话：

1 非常符合我　　2 符合我

3 既没有符合也没有不符合　　4 不符合我

5 非常不符合我

请把上面两项的分数加起来写在这里____，这是你的正直分数。

仁爱

这是指与别人，包括朋友、亲戚、点头之交，甚至陌生人交往时的积极表现。

10. 仁慈与慷慨

具有这类优势的人对别人很仁慈、很慷慨，别人来找他们帮忙时，他们会尽全力提供帮助。他们喜欢帮别人的忙，即使不太熟的朋友也一样。有多少次你把别人的事当成自己的事来做？这类人都有一个共同点：能够看到别人的价值。凡事先替别人着想，有时甚至会将自己的利益放在一边。你曾替别人承担过责任吗？移情和同情是达到这个美德的两个途径。

A“上个月我曾主动去帮邻居的忙”这句话：

5 非常符合我　　4 符合我

3 既没有符合也没有不符合　　2 不符合我

1 非常不符合我

B“我对别人的好运不像对我自己的好运那样激动”这句话：

1 非常符合我　　2 符合我

3 既没有符合也没有不符合　　4 不符合我

5 非常不符合我

请把上面两项的分数加起来写在这里_____，这是你的仁慈分数。

11. 爱与被爱

你非常珍惜自己与别人的亲密关系，别人是否也一样珍惜？如果是，这就证明你有爱与被爱的优势。这个优势不仅仅是指罗曼史。我不赞成亲密关系越多越好的观点，一点都没有的确不好，但过多了以后，齐人之福就可能变成灾祸。

一般来说，男性比较能爱人而不太能被爱，至少在美国文化中是如此。维伦是位心理学家，他曾对哈佛大学 1939—1944 年毕业的学生进行了 60 年的追踪研究，在最后一次访谈这批毕业生时（现已垂垂老矣），一位退休的医生将维伦带进他的书房，给维伦看患者在他退休时写给他的感谢信。“你知道吗？维伦，”他说，眼泪滑下脸颊，“我还没有看过这些信。”这位医生一生中都展现出他爱人的一面，但却无法接受别人的爱。

A“在我生活中，有很多人关心我的感觉和幸福，就像关心他们自己一样”这句话：

5 非常符合我　　4 符合我

3 既没有符合也没有不符合　　2 不符合我

1 非常不符合我

B“我不太习惯接受别人对我的爱”这句话：

1 非常符合我　　2 符合我

3 既没有符合也没有不符合　　4 不符合我

5 非常不符合我

请把上面两项的分数加起来写在这里_____，这是你爱与被爱的分数。

正义

这些优势超越了一对一的关系，是你与集体的关系，如你与家庭、你与社区、你与国家及你与世界的关系。

12. 公民精神、责任、团队精神、忠诚

具有公民精神的人通常是集体中的优秀分子，他们很忠心，有团队精神，他们努力做好本职工作，努力使团队成功。你在集体中举足轻重吗？当集体目标与你的目标不同时，你会遵从集体目标吗？你尊重那些权威人物，如老师或教练吗？你是否将自己融入团队？这个优势并不是指盲从，而是对权威的尊重。尽管现在这个观点有点不流行了，但是很多父母还是希望他们的孩子能拥有这个优势。

A“为了集体，我会尽最大努力”这句话：

5 非常符合我　　4 符合我
3 既没有符合也没有不符合　　2 不符合我
1 非常不符合我

B“我对牺牲自己利益去维护集体利益很犹豫”这句话：

1 非常符合我　　2 符合我
3 既没有符合也没有不符合　　4 不符合我
5 非常不符合我

请把上面两项的分数加起来写在这里____，这是你的公民精神分数。

13. 公平与公正

公平与公正是指不让个人感情影响自己的决定，给每个人同等的机会。你在日常生活中的行为都能符合这个道德准则吗？你是否将别人的利益看得与你自己的一样，即使你并不认识这个人？你可以把私人偏见放在一边，秉公处理吗？

A“我对所有人一视同仁，不管他是谁”这句话：

5 非常符合我　　4 符合我
3 既没有符合也没有不符合　　2 不符合我
1 非常不符合我

B“如果我不喜欢这个人，我很难公正地对待他”这句话：

1 非常符合我　　2 符合我
3 既没有符合也没有不符合　　4 不符合我
5 非常不符合我

请把上面两项的分数加起来写在这里____，这是你的公平分数。

14. 领导力

领导力是指有很好的组织才能，并能监督任务的执行。一个有人情味的领导首先应该是一个有效率的领导，能与组织成员保持良好的关系，并能如期实现工作目标。当他处理团体间的各种关系时，能够对所有人有爱心，对所有事无恶意，对所有正确的事都坚持。这种领导除了有效率之外，还有人道的美德。例如，一个人道的国家领袖会原谅他的敌人。这样的领袖应该没有历史包袱，勇于认错，并且能够承担犯错的责任和后果，最主要的是他必须爱好和平。这样的领导特征可能存在于各种不同的领导身上：军事统帅、公司总裁、工会主席、警察局长、校长、舍监，甚至学生会会长。

A“我可以让人们为了共同的目标而努力，而且不必反复催促”这句话：

5 非常符合我　　4 符合我

3 既没有符合也没有不符合　　2 不符合我

1 非常不符合我

B“我对计划集体活动不太在行”这句话：

1 非常符合我　　2 符合我

3 既没有符合也没有不符合　　4 不符合我

5 非常不符合我

请把上面两项的分数加起来写在这里_____，这是你的领导力分数。

节制

这个重要的美德指的是恰当地、适度地表现出你的需求。一个有节制的人并不会压抑自己的动机，但是会等到恰当的时机去满足它，以避免对自己或他人造成伤害。

15. 自我控制

自我控制是指在某些情况下，人们能够控制住自己的情绪、欲望、需求和冲动。但是只知道应该节制还不够，你必须能做出节制的行动。当不好的事情发生时，你能控制自己的情绪吗？即使在困难的情境下，你也能使你自己愉快吗？

A“我可以控制我的情绪”这句话：

5 非常符合我　　4 符合我

3 既没有符合也没有不符合　　2 不符合我

1 非常不符合我

B“我的节食计划总是虎头蛇尾，半途而废”这句话：

1 非常符合我　　2 符合我

3 既没有符合也没有不符合　　4 不符合我

5 非常不符合我

请把上面两项的分数加起来写在这里_____，这是你自我控制的分数。

16. 谨慎、小心

谨慎的人不说、不做以后会后悔的事。谨慎应该是在反复确认正确后再发布行动命令，谨慎的人有远见、三思而后行，他们能够为了将来的成功抵抗眼前的诱惑。在当今这个充满危险的世界里，父母们尤其希望他们的孩子能拥有这个优势。

A“我避免参与有身体危险的活动”这句话：

5 非常符合我　　4 符合我

3 既没有符合也没有不符合　　2 不符合我

1 非常不符合我

B“我有时交错了朋友或找错了恋爱对象”这句话：

1 非常符合我　　2 符合我
3 既没有符合也没有不符合　　4 不符合我
5 非常不符合我

请把上面两项的分数加起来写在这里_____，这是你的谨慎分数。

17. 谦虚

谦虚的人不喜欢出风头，宁愿让成绩自己说话。他们不认为自己很了不起，别人敬重他们的谦虚，但谦虚不是虚伪。一个谦虚的人不看重自己的成败，如果把眼光放远一点，个人的成败或痛苦实在微不足道。

A“当人们称赞我时，我常转移话题”这句话：

5 非常符合我　　4 符合我
3 既没有符合也没有不符合　　2 不符合我
1 非常不符合我

B“我常常谈论自己的成就”这句话：

1 非常符合我　　2 符合我
3 既没有符合也没有不符合　　4 不符合我
5 非常不符合我

请把上面两项的分数加起来写在这里_____，这是你的谦虚分数。

精神卓越

我用精神卓越作为优势的最后一大类。我的精神卓越指的是一种情绪优势，它超越了你，而将你与更宏大更永久的东西相连接，将你与别人、与未来、与进化、与神圣或宇宙相连接。

18. 对美和卓越的欣赏

你停下来去闻路边的玫瑰，你欣赏各领域中美好和卓越的东西，无论是自然的还是人为的，无论是数学的还是科学的。你对美好的东西充满了敬畏与惊喜，看一场精彩的球赛，目睹人类无私的高尚行为，都会激荡你的灵魂并使你奋发。

A“在过去的这个月，我曾被音乐、艺术、戏剧、电影、运动、科学或数学等领域的某一个方面感动”这句话：

5 非常符合我　　4 符合我
3 既没有符合也没有不符合　　2 不符合我
1 非常不符合我

B“我去年没有创造出任何美的东西”这句话：

1 非常符合我　　2 符合我
3 既没有符合也没有不符合　　4 不符合我
5 非常不符合我

请把上面两项的分数加起来写在这里_____，这就是你美感力的分数。

19. 感恩

懂得感恩的人从不认为自己本该如此幸运，他们会向别人表达感谢。感恩行为是对别人优秀的道德情操表示感激，作为一种情绪，它是对生命的惊讶、感谢和欣赏。当别人有恩于我们时，我们固然要感恩，但我们可以把它扩大到对任何好人和好事上。你也可以对上帝、大自然、动物等表示感恩，但是你不能对自己感恩。

A“即使别人帮我做了很小的事情，我也会说谢谢”这句话：

5 非常符合我　　4 符合我

3 既没有符合也没有不符合　　2 不符合我
1 非常不符合我

B“我很少停下来想想自己有多幸运”这句话：

1 非常符合我　　2 符合我
3 既没有符合也没有不符合　　4 不符合我
5 非常不符合我

请把上面两项的分数加起来写在这里_____，这是你的感恩分数。

20. 希望、乐观、展望未来

希望指的是期待未来会更好，并为了实现这一目标而做好计划并努力工作。希望、乐观及展望未来，是对未来充满积极态度这一优势的各个组成部分。期待好的事情会发生，相信只要努力便会有好运。你在此时此刻感到快乐，是因为你对未来有憧憬，这使你的生活有目标。

A“我总是看到事情好的一面”这句话：

5 非常符合我　　4 符合我
3 既没有符合也没有不符合　　2 不符合我
1 非常不符合我

B“我很少对要做的事情有周详的计划”这句话：

1 非常符合我　　2 符合我
3 既没有符合也没有不符合　　4 不符合我
5 非常不符合我

请把上面两项的分数加起来写在这里_____，这是你的乐观分数。

21. 灵性、目标感、信仰、宗教

拥有这类优势的人对宇宙、人生的意义有坚定的信仰，知道自己的人生是有目标的，他们的信仰会塑造他们的行为，而信仰也是他们获得慰藉的源泉。你对自己在宇宙中的定位有哲学的、宗教的或非宗教的看法吗？你曾通过更广泛的视角去寻找过生命的目的与意义吗？

A“我对生命有强烈的目标感”这句话：

5 非常符合我　　4 符合我

3 既没有符合也没有不符合　　2 不符合我

1 非常不符合我

B“我的生命没有目标”这句话：

1 非常符合我　　2 符合我

3 既没有符合也没有不符合　　4 不符合我

5 非常不符合我

请把上面两项的分数加起来写在这里_____，这就是你的灵性分数。

22. 宽恕与慈悲

慈悲的人原谅那些曾对不起他们的人，他们永远会给别人第二次机会，他们处世的原则是慈悲而不是复仇。当他们宽恕别人时，他们的主要动机或行为就转向积极（仁慈、慷慨）而较少消极（回避或报复）。

A“过去的事我都让它过去”这句话：

5 非常符合我　　4 符合我

3 既没有符合也没有不符合　　2 不符合我

1 非常不符合我

B“有仇不报非君子，总要报了才甘心”这句话：

1 非常符合我　　2 符合我
3 既没有符合也没有不符合　　4 不符合我
5 非常不符合我

请把上面两项的分数加起来写在这里____，这是你的宽恕分数。

23. 幽默

幽默的人喜欢说笑话，给别人带来欢笑，他们自己也喜欢笑。他们总是看到事情光明的一面。到目前为止，前面说的所有优势都很严肃：仁慈、灵性、勇敢、正直，等等，但最后两项优势是比较有趣的。你喜欢玩吗？你很有趣吗？

A“我总是尽量将工作与玩耍融合在一起”这句话：

5 非常符合我　　4 符合我
3 既没有符合也没有不符合　　2 不符合我
1 非常不符合我

B“我很少说好玩的事”这句话：

1 非常符合我　　2 符合我
3 既没有符合也没有不符合　　4 不符合我
5 非常不符合我

请把上面两项的分数加起来写在这里____，这是你的幽默分数。

24. 热忱、热情、热衷

热忱指的是充满热情，会全心全意投入工作。你每天早上睁开眼睛时，是不是迫不及待地想开始一天的工作？你工作的热情是否会带动别人的热情？你是否很容易被激励？

A“我对每一件事都全力以赴”这句话：

5 非常符合我　　4 符合我

3 既没有符合也没有不符合　　2 不符合我

1 非常不符合我

B“我老是拖拖拉拉”这句话：

1 非常符合我　　2 符合我

3 既没有符合也没有不符合　　4 不符合我

5 非常不符合我

请把上面两项的分数加起来写在这里_____，这是你的热忱分数。

总结

现在你可能已经在网上做完题目并得到了相应的分数，或者你做的是书上的题目，如果是这样，请将你的分数填入下表的空格中，并重新在纸上排序。

一般来说，你会有五项或少于五项得到 9 分或 10 分，这是你突出的优势，至少你是这样觉得的。请把它们圈出来。你也会有一些项目得了 4 ～ 6 分的低分数，这些就是你的劣势。

在本书的最后一部分，我会讨论工作、爱与教养孩子。我建议你在日常生活中将自己的优势尽量发挥出来，它们是影响幸福的重要因素。你可以从妮基的故事看到，要建构好生活就要展现你的优势，把它们变得更好，并且用它们来抵抗你的劣势以及这些劣势带给你的不快。

突出的优势

请看一下你的五个突出的优势，它们塑造了真正的你，但也可能有一两项不那么如意。我的优势是热爱学习、毅力、领导力、创造性和灵性，其中有四项代表了真正的我，领导力却不是。我可以做个相当不错的领导，如果你强迫我做的话，但是我本身并不喜欢。当我被迫去领导时，总觉得精疲力竭，当事情做完终于可以回家时，我好开心。

表 9-1　透视你的优势

☐ **智慧与知识**

1. 好奇心_____　2. 热爱学习_____　3. 判断力_____
4. 创造性_____　5. 社会智慧_____　6. 洞察力_____

☐ **勇气**

7. 勇敢_____　8. 毅力_____　9. 正直_____

☐ **仁爱**

10. 仁慈_____　11. 爱_____

☐ **正义**

12. 公民精神_____　13. 公平_____　14. 领导力_____

☐ **节制**

15. 自我控制_____　16. 谨慎_____　17. 谦虚_____

☐ **精神卓越**

18. 美感_____　19. 感恩_____　20. 希望_____
21. 灵性_____　22. 宽恕_____　23. 幽默_____
24. 热忱_____

我认为每一个人都有很多优势，在工作、谈情说爱、游戏和教养孩子中，这些优势可以得以展现，从而使你的生活更成功。请用下面这些标准去评估你突出的优势：

- 真实感及拥有感（这是真正的我）。
- 当你展现你的某个优势时，你很兴奋，尤其是第一次。
- 刚开始练习这个优势时，有快速上升的学习曲线。
- 会不断学习新方法来加强你的优势。

- 渴望有别的方式去展现自己的优势。
- 在展现优势时有一种必然如此的感觉。
- 运用这个优势时，会越用情绪越高昂，而不是越用越疲倦。
- 个人追求的目标都是围绕这个优势的。
- 在运用这个优势时，你会感到欢乐、热情高涨甚至是狂喜。

如果你的优势符合一个以上的标准，那这就是你突出的优势了，请尽量在不同的场合使用这些优势。如果这些标准没有一个适用于你的优势，那么你可能就不应该在工作、爱情、游戏与教养孩子中展现它们。每一天，在不同场合尽量展现你的突出的优势，以得到最多的满足与真正的幸福。如何运用这些优势，过有意义的生活，是本书最后一部分的主题。

塞利格曼的解答

Authentic Happiness

1. 幸福的源泉是 24 项优势，它们分别是获得智慧与知识美德的好奇心、热爱学习、判断力、创造性、社会智慧和洞察力，实现勇气美德的勇敢、毅力和正直，实现仁爱美德的仁慈与爱，实现正义美德的公民精神、公平和领导力，实现节制美德的自我控制、谨慎和谦虚，实现精神卓越美德的美感、感恩、希望、灵性、宽恕、幽默和热忱。

❷ 完成本章有关各项优势的问题并计算出各项优势的分数，填写在表 9-1 中，得分为 9 分或 10 分的优势就是你的突出优势。另外，你还可以根据本章末尾的标准去验证这些优势是不是你的突出优势。

第三部分

用幸福斟满人生

Authentic Happiness

Using the New Positive Psychology
to Realize Your Potential for Lasting Fulfillment

第 10 章

在职场中寻找幸福

运用个人的突出优势，
将你的工作转化为事业，
而不要仅仅当成一份工作。

我们的困惑	1. 我目前处在工作的哪个层次？我对自己的工作满意吗？ 2. 我对工作不满意，我工作的时候很难有幸福的感觉，这是为什么？ 3. 从员工和老板的角度来看，怎么做才能把工作场所变成让人流连忘返的乐园？

在最富有的国家里，工作正发生着巨大的改变，金钱已逐渐丧失了它的力量。在第 4 章中，我曾谈到过这个问题，即更多的金钱只能增加一点或完全不能增加幸福感。在过去的 30 年里，美国人的平均收入增加了 16%，但是认为自己很幸福的人则从 36% 降到 29%。当普通员工都发现加薪、升职等并不能增加生活满意度时，我们该怎么办？为什么人们会选这个工作而不是另外一个？什么因素可以使员工始终效忠于他的公司？采用什么样的激励可以使员工尽心尽力？

工作的三个阶梯

我们的社会正快速地从金钱经济转型到满意经济，当然这个趋势是起起伏伏的：当经济不景气、失业率高时，个人的满意度就没有那么重要了；当经济繁荣、工作机会很多时，个人满意度就很重要。最近 20 年的趋势是偏向满意度的。20 世纪 90 年代，律师的收入已经超过医生，成为美国收入最高的行业，但是纽约各大律师事务所的员工，甚至合伙人却纷纷离去，因为他们要找一个能让他们更满意的工作。用后半辈子会很有钱的说法来吸引年轻人投入地一周工作 80 个小时已逐渐失去了吸引力。现在的年轻人追求的是生活满意，他们问自己："我的工作真的这么令人不满意吗？我可以做些什么来改变它呢？"我的回答是，只要你能在工作上更经常地发挥自己的突出优势，就会使你的工作更满意。

本章的目的就是教你如何在工作中获得最大的满意。重新安排你的工作，使你的优势得到展现，这不但会使你更喜欢你的工作，还会将例行公事、被动执行的枯燥工作变得有生气。当你真心愿意去做这件事时，它就能为你带来很大的满足，因为你在为这个工作的意义而不是为了它所带来的物质报酬而工作。你很快就会从工作中体验到心流，能够给员工带来心流体验的公司，一定会打垮只以金钱作为报酬的公司。

我相信你对我说的话可能抱着怀疑的态度。什么？在一个资本主义社会里，金钱会丧失魅力？你在做梦吧？我要提醒你一个发生在 40 年前，席卷美国教育界，且被视为不可能的改变。当我上学时（那是所军事学校），教育是打骂和羞辱，比如我们受过戴圆锥形傻瓜帽的处罚，还会受到体罚或被迫留级等处罚，后来这种教育方式和史前猛犸象一样绝迹了，而且消失得非常快。因为教育家发现有更好的方式来进行教育：用赞扬优势的方式耐心地引导孩子入门，让孩子们理解内容而不是死记硬背，实行因材施教。本章就是要告诉你，除了金钱，也有其他方式能够提高生产力。

"同花大顺！"我对着鲍勃的耳朵大叫，他没有动。我抬起他粗壮的右腿，然后让腿顺势落在床上，他还是没有反应。

"叫牌！"我喊着，没有任何反应。

25 年来，每个星期四我都会和鲍勃打桥牌。鲍勃是个慢跑者，他从历史老师的岗位上退休后，花了一年的时间跑遍了全世界。他曾经告诉我，他的视力会比腿脚更早老化。两个星期前，十月的一个寒冷的早晨，他意外地出现在我家，把他多年来收集的网球拍送给我的孩子。虽然他已 81 岁了，但仍是网球好手，这样随意地把球拍送掉，真是令人费解，也有点不祥的预兆。

十月本来是他最喜爱的月份，每个星期二晚上的 7 : 30，他都会跑完一大圈山路后回到费城，第二天一早又出发去跑被落叶覆盖的小路。但是这一次他没有跑完。一辆卡车撞倒了他，现在他昏迷不醒地躺在医院里，今天已是第三天了。

“你同意将鲍勃的呼吸器拔掉吗？”他的神经科医生问我。“据他的律师说，您是他最亲近的朋友，我们找不到他的亲人。”当医生的话慢慢渗入我的意识时，我注意到一位体型肥胖，穿着医院白色制服的男士正在调整病房墙上挂的画。他用批判的眼光看着那幅雪景图，把它扶正，退后两步，再看一下，还是不满意。前天我就注意到他了，他在做同样的事，我很高兴这可以让我去想些其他的事。

“我想你需要一点时间思考……”医生说，他注意到我的眼神游离，于是离开了。我重重地摔进椅子里，眼睛看着那位医院的工作人员。他把雪景取下，挂上一幅日历，端详了一会又取下，从一个大型购物袋中，取出一幅莫奈的《睡莲》，把它挂了上去。然后他又拿出两张温斯洛 · 霍默（Winslow Homer）画的海景，将它们挂在鲍勃床脚的墙上。最后，他走向鲍勃床的右边，取下黑白的旧金山照片，换上了彩色的玫瑰照片。

“我可以问一下您是做什么的吗？”我温和地问。

“我的工作？我是这一层楼的管理员，”他说：“我负责这些患者的健康，但我每周都会带新的图片和照片来。对鲍勃来说，他进来后还不曾醒过，但是当他醒来时，我要确保他一睁眼就能看到美丽的东西。”

这位医院工作人员并没有把他的工作界定为为患者倒便盆或是倒茶水，而是界定为保护患者的健康，并设法用美丽去填充患者在医院里的艰难时光。他的工资可能很低，但是他把平凡的工作转化成了高尚而有意义的事业，心存责任感、使命感。

你如何定位你的工作与自己后半辈子的关系？从学术意义上说，工作有三种不同的层次：**工作**（job）、**职业**（career）及**事业**（calling）。你为了工资做这份工作，并不期待从中得到其他的东西，工作只是达到目的的手段（你要养家糊口），没有工资你肯定就不干了。职业表示你对这份工作有更深的投入，你不仅通过金钱来显示你的成就，也通过升迁来彰显成功。每一次升迁都带给你更多的特权和更大的权力，当然工资也增加了。从律师事务所的小律师升级成合伙人，从助理教授变成副教授，从经理升到副总裁，当升迁停止时，你开始去别的地方寻找满意与意义。

事业是对这份工作本身充满了热情，事业导向的人认为他们的工作有价值，这很像对宗教的奉献。这种工作本身就能带来满足感，跟工资或升迁无关，当没有工资、不再升迁时，工作仍然能进行。传统上，事业是非常有地位的工作，如神父、大法官、医生、科学家等；但研究显示：任何工作都可以成为事业，而任何事业也都可以变成工作。一位医生可以把行医看成工作，只对赚钱有兴趣；而一位清洁工可以把他的工作看成使世界更干净、更卫生的事业。

瑞兹奈斯基（Amy Wrzesniewski）是纽约大学商学院的教授，她和同事们研究了28位医院清洁工，每个人的工作内容都一样。观察发现，把清洁工作看成事业的人使工作变得更有意义，他们把自己的工作看成治疗患者的重要一环，要求自己提高工作效率，并能预见到医生和护士的需求，使医护人员有更多的精力用于治疗患者，而且他们会主动增加自己的工作；相反，把清洁只当作工作的人仅会完成分内工作。

下面让我们来看看你是如何看待你的工作的。

你像哪位小姐

请细读下面三段文字，看看你是比较认同 A 小姐、B 小姐还是 C 小姐。

> A 小姐做这份工作主要是希望多赚一些钱，如果她有钱就绝对不会再做目前这份工作。A 小姐的工作是生活所必需的，像呼吸或睡眠一样重要。她常希望时间过得快一点，好早一点下班，也非常期待周末和假期。假如 A 小姐的生命可以重新来过，她可能不会再做这样的工作。她不鼓励朋友或孩子进入这个领域，自己则非常期待早日退休。
>
> B 小姐喜欢她的工作，但是并不想五年后仍在做这份工作，她希望能换一份更好、工资更高的工作。她对自己的未来有很多打算，有的时候，她觉得现在的工作好像是在浪费时间，但是她知道必须做得够好才有可能升职。B 小姐非常期待升职，对她来说，升职等于是对她工作表现的肯定，是她比同事优秀的表现。
>
> C 小姐的工作是她生命中最重要的一个部分。她很高兴自己能干这一行，因为这份工作对她的自我认同很重要，在做自我介绍时她总是先说自己的职业。她常把工作带回家做，度假时也会带着。她的朋友大部分是从事同样工作的同事，她也加入了许多跟工作有关的组织和社团。C 小姐很喜欢她的工作，因为她认为这份工作会使世界更美好。她会鼓励朋友和孩子进入这个行业。假如她被迫停止工作，她会很难过，她不期待着退休。

工作态度调查

【问题一】

你有多像 A 小姐？

很像______　　　　有一点像______

不太像______　　　　一点都不像______

你有多像 B 小姐？

很像______　　　　有一点像______

不太像______　　　　一点都不像______

你有多像 C 小姐？

很像______　　　　有一点像______

不太像______　　　　一点都不像______

【问题二】

现在请你评估一下你对工作的满意度。分值为 1 ～ 7，1 = 非常不满意，4 = 既不算满意也非不满意，7 = 非常满意。你的评估结果是______。

【计分】

对 A 小姐的描述符合工作的特点，对 B 小姐的描述符合职业的特点，对 C 小姐的描述符合事业的特点。其中很像为 3 分，有一点像为 2 分，不太像为 1 分，一点都不像为 0 分。

假如你认为自己像 C 小姐，从事的是一份事业（分数为 2 或更高），并且对你的工作感到满意（5 分或更高），那么你的生活与工作都很理想。假如不是，你已经知道了别人是如何转变他们对工作的态度的了。医院清洁工在工作与事业之间的差别套用在秘书、工程师、护士、厨师、理发师身上也适用，关键不在找到对的工作，而在于如何找到一份你可以把它转化成事业的工作。

理发师

理发并不是机械性地剪发而已。在过去的 20 年里，许多理发师把他们的工作转化为亲切的、重人际关系的工作。理发师先对客人谈自己的私事，将人际关系的边界扩大，然后问客人一些个人问题，当然也有客人不愿意回答。用这种方式，理发师把工作变得更有趣。

护士

美国医疗制度越来越偏重于以营利为目的，这使得护理工作越来越机械化和形式化，这与传统的护理精神是相悖的。有些护士很注意患者的细微变化，并把这些看似不重要的信息告诉她的同仁，她们询问患者家属有关患者的生活，将家属也纳入患者康复的因素，以此来增强患者的勇气。

厨师

越来越多大厨把他们的工作从做菜提升到烹饪的艺术。这些大厨尽量让食物色香味俱全，在做菜时尽量减少步骤，注重盘子的摆饰及菜单的调配。他们把相当机械的做菜提升到了色香味美的艺术境界。

把最难缠的客人交给他

在这些例子里，他们都想办法把原来枯燥无味的工作转化成比较有社会性、整体性和美感的工作，我认为这个转化的关键在于你怎么看待自己的工作。投入地做某种工作绝不只是听到有个声音说：如果你进入这个领域，世界会更好。难民营的工作人员、程序员、反恐组织成员或是比较体贴的侍者，都能为人类福祉做出贡献。这些职业并不会召唤你，你将它作为事业是因为它要运用到你突出的优势。同样，集邮者或业余舞者都用到了他们的优势，但它们不属于事业，因为事业是除了热忱的投入外，还要对别人有贡献。

> “他喝醉了，态度很恶劣，”惊恐的苏菲对她八岁的弟弟尼克（根据本人的要求，未用真名）说，“看他对妈妈做了什么！”
>
> 苏菲和尼克在他们父母狭小的餐馆里洗盘子，时间是1947年，地点是西弗吉尼亚州的灰林镇。他们的父亲退伍后开了家小餐馆，一家人胼手胝足，从早忙到晚只能混个温饱，这种日子很辛苦。
>
> 在收银机旁，有一位喝醉的客人，他没刮胡子、满嘴脏话，而且长得很高大。他正在对他们的母亲抱怨：“这肉吃起来像老鼠肉，哪儿像猪肉，啤酒竟然是温的……”他抓住母亲的肩膀，愤怒地大喊。
>
> 尼克立刻冲出厨房，站在母亲和客人中间保护母亲：“我能为您做什么吗？”
>
> “啤酒是热的，而土豆泥却是凉的……”
>
> “您说得对，我妈妈和我都感到非常抱歉，您看这里只有我们四个人在服务大家，我们都尽了力，但是今晚实在忙不过来。真的很希望您能再次光顾本店，您会看到我们其实做得不错。今天晚餐本店做东，当您再光顾时，我们将另外附送一瓶酒。”
>
> “唉！好吧！很难跟小孩子争辩……谢了。”客人走时很满意，对这家店也没有不满。

30年后，尼克告诉我，打那天开始，他父母总是把最难缠的客人交给他接待，而他也乐在其中。从那以后，他父母知道家中有个天才，尼克有着早熟的社会智慧，他可以准确地读出别人的念头，正确体会到别人的情绪和需求。他能像变魔术般地随时找到恰当的字眼，情况越紧急，他越冷静，手段也越高明。父母也极力培养他这个优势，他开始朝这个方向发展，去经营一个每天都可以用到自己优势的事业。

这个优势可以让尼克成为侍者领班、外交官或大公司的人事主任，但是他还有其他两项突出的优势：热爱学习和领导力。尼克规划终身事业时，将这三者都考虑了进去。如今他 60 多岁了，是美国学术领域最有外交手腕的专家之一，美国社会学的泰斗，30 多岁时便被一所常春藤名校挖过去做教务长，后来成为该校的校长。

美国和欧洲社会科学运动的背后，大都可以找到像尼克这样的影子，我认为他是学术界的基辛格。有他在的场合你会觉得如沐春风，他会使你觉得自己是世界上最重要的人，而且他做得如此自然，不会引起你的不信任。当我在工作上遇上棘手的人际关系问题时，我都会求助于他。他能够把他成功的职业转化成事业最主要的原因在于他每天都在应用自己的三个突出优势。

我的工作我做主

如果你可以找到一个方式，常常在你的工作中施展你的突出优势，你会发现工作慢慢变成事业。心灵的充实会将工作的重任转化成满意，也就是前面所说的心流体验——在工作时感到自在自如，好像在自己家里一样安适。

从 20 世纪 70 年代到现在，希斯赞特米哈伊使心流这个概念从黑暗中走出来，现在心流已经移到了光亮的边缘，越来越多人理解了什么是心流，而且已经开始练习它。心流是此时此刻的积极情绪，它不包含任何有意识的思考或有意识的情绪。希斯赞特米哈伊发现某些人有很多心流体验，某些人则很少，他找出了内在原因，发现这跟工作满意度有关。你不可能一天八小时的上班时间都有心流体验，而是只会有几分钟。譬如面对一个困难的挑战时，你运用自己的优势漂亮地解决了它，当你发现自己的这些能力不仅包含你的天赋，还包含你的优势和美德时，你就清楚该怎么选择工作或是如何去转化你现在的工作了。

能够选择自己的工作，决定自己要怎么去做它，这在过去听起来是件新鲜事。几千年来，孩子只能继承他父亲的职业。从古至今，因纽特人的孩子两岁就会玩小弓箭，四岁就能射杀雷鸟，六岁就能打兔子，到了青春期就能猎杀海豹或麋鹿。他的姐妹们也跟着其他妇女学会了烹饪、制作皮革、缝纫和带孩子。

这些生活状态到 16 世纪才发生了改变，年轻人开始涌进城市去争取因商业发达而带来的致富机会。在后来的 300 年里，女孩 12 岁、男孩 14 岁就到城里去找工作了：洗衣妇、门房跑腿的伙计或是女佣，城市对这些年轻人有吸引力正是因为它可以提供选择性，但是可选择的行业非常有限。当城市不断扩张和多元化后，不同的工作机会开始陆续出现。农业社会子承父业的关系受到了冲击，向上爬的机会增多了，阶级之间的壁垒慢慢开始消失。

如果我们快速转到 21 世纪的美国，我们会发现，生活其实就是选择。市场上有几百个品牌的啤酒，几百种不同的汽车。不知道你有没有像我一样的经历：站在超市几百种谷类早餐前不知所措，不知该选什么。

自由选择是 200 年来最好的政治口号，它不只是说消费者有选择商品的自由，人也有选择工作的自由。在过去 20 年经济状况良好的美国，低失业率使得大学毕业生有了选择工作的机会。在 16 世纪，当时的少男少女无法享受到现代青少年最重要的两个选择：终身伴侣与工作。现在很少有年轻人继承父业，60% 以上的高中毕业生选择继续深造，而过去只有贵族、有钱人才可以上的大学已经很大众化了。

美妙的心流在工作中

工作可以是体验心流的最好场所，因为它符合心流出现的许多条件。通常工作都有清晰的目标和要求，你会不断收到表现优或劣的反馈信息。工作通常要求你专心，尽量减少无关刺激，很多时候，工作的要求与你的天赋或优势旗鼓相当，所以人们通常会觉得在工作中比在家中投入更多的精力。

杰出的历史学家约翰 · 富兰克林（John H. Franklin）说过："你可以说我这一生每一分钟都在工作，你也可以说我这一生一天都没有工作过。我常常说感谢上帝今天是星期五，因为对我来说，星期五表示可以连续两天一直工作而不被打断。"如果你认为富兰克林教授是个工作狂的话，那你就错了，他所说的其实是学术界或商业界最高的精神状态。他星期一到星期五是位教授，我们有很多理由相信他是位好教授，教书、行政、学术以及人际关系都非常好，因为这些都用到了他的优势——仁慈与领导力。但是这些没有用到他的突出优势——热爱学习及创造性。在周末时他才能应用到这两个优势，所以他周末在家中能体验到比工作时更多的心流，阅读和写作带给他极大的快乐。

雅各布 · 罗宾诺（Jacob Rabinow）是位享有数百项专利的发明家，他在 83 岁高龄时告诉希斯赞特米哈伊："你必须愿意、有兴趣去想新点子，像我这样的人就喜欢东想西想。想出新鲜的点子非常有意思，哪怕没人想买也没关系，我一点都不在意，想出新奇的点子本身就是件有趣的事。"难怪在工作中体验到心流的人是发明家、雕塑家、大法官和历史学家，但最重要的是，我们也可以把平淡无味的工作转换成有意义的、让自己更常体验到心流的事业。

通过经验取样方法，希斯赞特米哈伊很惊讶地发现，美国人在工作时所体验到的心流远比休闲时多。在一项针对 824 名美国青少年的研究中，他把休闲分成主动和被动：玩游戏和从事自己的爱好是主动的休闲，参与的过程中，39% 的时间里会体验到心流，而只有 17% 的时间里会有消极情绪；

看电视和听音乐是被动的休闲，参与的过程中，只有 14% 的时间里会体验到心流，却有 37% 的时间会感到冷漠。所以选择主动地还是被动地使用我们的休闲时间就很重要了。正如希斯赞特米哈伊提醒我们：格雷戈尔・孟德尔（Gregor Mendel）的爱好是他著名的遗传实验；富兰克林也是为了兴趣去研磨镜片和实验避雷针的，这些都不是因为工作要求。

在经济繁荣、失业率低的时候，影响一个人工作选择的是他能从工作中得到多少心流体验，而不是他能得到多少工资。如何去选择及如何转化工作以产生最多的心流并没有什么神秘，当挑战与你的能力旗鼓相当时，心流就会产生。我的方式如下：

- 找出你自己的优势。
- 选择可以每天让你使用到这些优势的工作。
- 转化你目前的工作，使你的优势可以更好地发挥出来。
- 如果你是老板，请选择个人优势与工作需求相配合的人；如果你是经理，给你的员工空间，让他们可以在你的目标范围内自己做决定。

法律方面的职业是个很好的例子，这可以让你看到应该如何释放你的能量而获得工作中的满意。

为什么律师都不是很幸福

律师向来是个地位崇高的职业，法学院的教室里坐满了年轻有理想的学子。但调查显示，52% 的执业律师对生活都不满意。显然这个不满意不是金钱上的，因为根据 1999 年的调查，刚出道的小律师在大型律师事务所一年就可以赚 20 万美元，律师早已超过医生，成了美国最高薪的职业。但律师在心理健康上的情况却出奇地糟，他们比一般人更容易得抑郁症。约翰斯·霍普金斯大学的研究员发现，在104种职业中，有3种职业比其他职业有显著的抑郁症危险，律师名列第一，得抑郁症的概率比一般人高出3.6倍，律师同时也是酗酒和吸毒的高危人群。律师的离婚率，尤其是女律师，也比其他职业高。因此不管从哪个角度看，律师职业证实了“金钱不是万能的”：他们的工资最高，但是他们并不幸福，也并不健康。律师自己也知道这些，所以他们很多人都在盘算提前退休或者改行。

悲观

积极心理学家发现律师不幸福有三个主要原因：第一是悲观。在这里，悲观的定义与大家平时所理解的不同，而是第6章所说的那种悲观。这些悲观者会把坏事情归因到永久的和普遍的因素上。这种悲观者所看到的不幸是普遍的、永久的和不可控制的。悲观的人寿保险业务员比乐观的人寿保险业务员的业绩差；悲观的大学生成绩比较差；在棒球赛中，悲观的投手和击球手表现都比较差；悲观的NBA球员比乐观的球员更常为了一分而饮恨。

所以，悲观的人通常是失败者，但有一个例外：悲观的人常常是比较好的律师。我们测验了1990年弗吉尼亚法学院的学生，让他们做第6章的乐观测验，然后追踪他们在法学院的表现，结果发现与以前其他行业的测验结果不同：悲观的法学院学生表现比乐观的好，尤其在传统的学业评价方面，例如学业成绩总平均分和投稿法律期刊的采用率等。

所以对律师来说，悲观是个优点，因为他们把问题看成永久的、普遍的，所以会很谨慎小心地处理它。谨慎的态度会使律师考虑各种可能性，他能预期所有可能发生的问题，因此能帮他的当事人更全面地准备各种应诉文件，成功率就会高。如果你生来不是这种谨慎小心的人，法学院会教你、训练你。很不幸的是，这份职业所需的人格特质恰好可能使你成为一个不幸福的人。

珊德拉是美国东部一位著名的心理治疗师，我认为她是个女巫，她有一个技巧是我从未在其他治疗师身上看到的——她能预测学龄前儿童会不会得精神分裂症。精神分裂症通常要到青春期之后才会发作，但是因为它有一定的遗传性，所以家族中有精神分裂症病例的人非常在意他们的孩子会不会患病，如果能事先知道，那么大人就会尝试各种方法来保护这个孩子，使他免疫。这样的家庭几乎都想把他们的孩子送到珊德拉那里，和孩子聊一个小时之后，她可以判断孩子未来得病的概率，听说非常准确。

这个能够看透一个孩子心底秘密的能力使她声名远播，生意兴隆，但她的生活却是如此不幸福。跟她出去吃晚饭真是痛苦无比，因为她常常能注意到许多别人没有看到的细节，包括咀嚼的方式。

无论是什么样的巫术使她可以看穿孩子行为的内在秘密，这个能力显然没有在吃晚饭时屏蔽，这常使她无法正常地享受一顿美餐。律师也一样，在离开办公室后，他们仍无法屏蔽谨慎的人格特质。那些能为当事人看到事情可能会怎么演变的律师，也同样看到了自己的事情会怎么演变。悲观的律师更容易认为他们无法成为合伙人，他们的配偶不忠诚，或者经济马上要崩溃，所以他们比别人更容易得抑郁症。面对挑战时，他们秉持一贯的小心谨慎，以致无法享受生命的快乐。

有责无权

律师之所以不快乐的第二个心理原因是，他们常有责无权，尤其是刚毕业的小律师。有责无权的意思是说，工作上的选择权很少，压力却非常大。有一项研究是寻找工作情境与抑郁症及冠状动脉心脏病之间的关系，它测量工作的要求与决策的自主性，结果发现工作要求高配上决策自主性低对身心健康最不利，有这种工作的人得心脏病和抑郁症的比例会高很多。

护士和秘书通常属于这个类别，但是近年来，大律师事务所的小律师也加入了这份名单。这些小律师对上面交下来的案子没有什么发言权，他们很少看到老板，几乎没有机会接触到当事人，许多人整天关在图书馆里替老板找资料、起草文件。

非赢即输

律师缺乏幸福感的最深层的一个心理原因还在于美国法律已经慢慢变成了非赢即输的赌博。巴里·施瓦茨（Barry Schwartz）[①] 把行为分成两种：一种是本身有内在的好目标，另一种是以营利为目标。例如，运动员是以竞技为目标，教师教书是以教化为目标，医疗是以痊愈为目标，友谊是以亲密为目标。当把这些推向自由市场时，这些内在的好目标就逐渐变质了。尽管晚上看不清楚球在哪儿，但夜间棒球赛能卖出更多的门票；教书育人已让位给制造学术明星；治病救人变成了经营医院；友谊变成了“你最近对我有什么好处”的考量；同样，美国法律也从公平正义开始走向唯利是图。

如果职业能与内在崇高的目标相配合，就会形成一个双赢的局面，老师与学生一起成长，成功治愈患者对医患双方都有好处。由于过于注重最终效益，医院经营者缩减了治疗精神疾病的经费，很多医院对慢性病患者表示不欢迎。明星学校给明星老师优厚的工资，而将其他老师的工资降到生存线之下。硅胶隆乳官司使道康宁公司（Dow-Corning）赔了几百亿美元，最终关门倒闭。

在第 3 章中，我提出积极情绪是双赢局面的助燃剂，而消极情绪，如愤怒、焦虑和悲伤则会开启非赢即输的局面。由于律师的工作变得比较倾向

① 施瓦茨是美国斯沃斯莫尔学院的社会心理学教授，他在《选择的悖论》一书中提出了一个革命性的观点：幸福意味着拥有自由和选择权，但更多的自由和选择权并不能带来更大的幸福；相反，选择越多，幸福越少。该书中文简体字版已于 2013 年由湛庐文化引进、浙江人民出版社出版。——编者注

于非赢即输，所以会经常出现消极的情绪。

这种状况不可能因为我们希望它消失便在法律行业中消失，这个法则正是美国司法系统的核心。从法律角度上来看，一边赢就等于另一边输，竞争是白热化的，律师也因此被训练成野心勃勃、判断力和分析力很强、聪明冷酷的人，这种训练自然会产生抑郁、焦虑和愤怒。

对抗律师的不幸福

积极心理学发现律师缺乏幸福感的三个影响因素是：悲观、有责无权和夹在巨大的非赢即输、你死我活的情境中。前两项因素有解药。我在第 6 章中谈到悲观的解决方法，我在《活出最乐观的自己》中也详细列举出有效对抗灾难式思维风格的方法。对律师来说，比较重要的是普遍性这个维度——把悲观过度适用到法律以外的地方。我的方法可以教律师在个人生活上多运用乐观，而在职业上保持悲观的态度。现在已有非常多的证据显示，我们可以在团体中传授弹性的乐观（flexible optimism）。如果事务所和学校愿意去试试，我相信年轻律师的表现和士气都一定会有所改善。

至于有责无权的问题也是有解的。我知道压力在律师行业是不可避免的，然而扩大决策范围会让年轻律师满意度提高，更有生产力。有一个方法能让律师拥有更多自主权。20 世纪 60 年代，沃尔沃汽车公司解决了生产线上出现的同样的问题，公司提供给员工选择权——在团体中合作造一辆车，或是在生产线上生产同样的某个零件。结果，合作完成一辆车的工作更有成就感。同样，年轻律师也可以被介绍给当事人认识，使他们对案情有全面的了解，资深合伙人带领资质浅的年轻律师，让他学习，参与讨论。许多大的律师事务所现在已开始这样做了。

最后，法律体系的本质是很难有解药的，打官司时的消极情绪，对质时的焦虑和压力，尽可能增加计费小时数，以及根深蒂固、很难改变的“尽量为当事人争取利益”的“职业道德”。我认为个人突出的优势或许可以使法律既保留裁决的传统，又不会让律师陷入不幸福。

当一位年轻律师进入事务所工作时，他不仅要有法律人的谨慎特质以及律师的伶牙俐齿，还得具备一套突出的优势。从目前律师职业的情形来说，这些优势也许没什么发挥的余地，而且即使你可以用到它们，你所面临的情境可能也不是发挥你的优势最适当的情境。

每一个律师事务所的老板，都应该找出手下人的优势。如果能让他们把优势施展开来，死气沉沉的同事立刻会变得生龙活虎、精神百倍。请一周保留五个小时作为“发挥个人优势的时间”，尽量给员工分配能施展他们优势的任务。

莎曼珊的热情：热情在法律上本来是没有什么用的，因此老板决定，除了让她在法律图书馆中收集医疗纠纷的资料外，还让她去公关部门协助设计提升公司形象的广告与海报，因为她既有法律知识，又热情洋溢。

马克的勇敢：本来勇气在庭审时是很有用的一个优势，但马克的主要工作是写诉状，这样就白白浪费了这个优势。马克现在可以利用“发挥个人优势的时间”，与事务所中最红的辩护律师演练即将开庭的案子。

莎拉的创造性：创造性在律师事务所好像没什么用，因为法律讲究的是判例。但是当她把创造性与毅力结合起来时，情况就不一样了。赖克在成为耶鲁大学法学教授之前曾是事务所的小律师，他赋予了一个陈旧的案例以新生命。他提出异议说，社会福利金不是权利，而是一种财产，所以他将法律导向他所谓的新财产理念，也就是说追讨程序也可以适用于福利金的欠款上。莎拉可以被派去探讨某个案子是否可以适用新的理论。

约书亚的社会智慧：社会智慧是另一个成天待在图书馆研究版权法的小律师不太有机会用到的优势。他可以利用与某个娱乐界大亨吃午饭的机会，将这个很难缠的客户搞定。不仅是生活中需要社会智慧，在合同关系中，很多时候客户的忠诚也来自好的人际关系。

黛西的领导力：她可以收集同事对公司的不满或意见，汇集后报呈给相关的大老板做参考。

法律领域也跟别的领域一样，可以将工作转化成事业。当你看完这些例子，并想把它们应用到你的工作中时，要记住两点：**第一是在工作中施展突出的优势会得到双赢的局面。**当黛西收集同事的抱怨和情绪时，他们会尊敬她，而不是担心她打小报告。即使大老板不做回应，但至少老板会知道士气如何，当然，黛西从这个优势的发挥中获得了积极的情绪。这带出了第二点，**工作上的积极情绪与高生产力有正相关，积极情绪使员工不易见异思迁，对公司更忠诚。**优势的发挥带来了积极的情绪，更重要的是，当公司重用你的优势时，你会更愿意长期留在这家公司。即使员工花了五个小时去做不能为公司赚钱的工作，但从长远来看，这五个小时会为公司赚更多的钱。

法律行业只是一个公司可以制定措施鼓励员工，将他们每天做的工作转化成更有意义的事业的例子。即使一项工作是非赢即输取向的，这也并不表示工作在达成目标的过程中就不能变成双赢的局面。竞争激烈的比赛或者战争都是非赢即输的，但双方都有很多双赢的选择。通过运用个人突出的优势去形成双赢的局面有很多好处，它能使工作更有趣，能将工作或职业转化成事业，能增加心流体验，能提高忠诚度，并带来实质性的获利。此外，当你对工作充满满意时，你就开始走上美好生活的大道了。

塞利格曼的解答

Authentic Happiness

1. 完成本章的工作调查表，你就知道自己所处的工作层次和工作满意度了。

2. 你对工作不满意，无法感到幸福的原因可能是：第一，你是个悲观的人，会把坏事情归因到永久的和普遍的因素上。第二，你的工作有责无权，工作上的选择权很少，而压力却非常大。第三，你所处的行业背离了本身内在的好目标，而只顾赚钱获利，形成了你死我活的态势。

3. 对员工来说，要提高工作的满意度，可以通过以下方法：如果你的工作需要悲观的人格特质，那么你可以练习在个人生活上多运用乐观，而在职场上保持悲观的态度。另外，你应该从事能发挥你突出优势的工作，做自己擅长的事才能有积极的情绪。

   对老板来说，如果工作压力无法改变，那请尽可能设计出能使员工有更多选择权的情境。在工作中发现员工的优势所在，做到人尽其能。即使竞争很激烈，也不要过于急功近利，双赢是正道。

第 11 章
结了婚的人最幸福

注意力和不可取代性
是使婚姻更美好的两大原则。
把注意力给你的爱人，
并且将他当成独一无二、不可替代的。

我们的困惑	1. 年幼时我与父母的关系会影响我和爱人的关系吗？有什么样的影响？ 2. 如何营造浪漫、持久的婚姻？

人是一个奇怪的物种，很容易将自己托付给一个很可疑的企业。加拿大英属哥伦比亚大学商学院教授范博文（Leaf Van Boven）做过一个实验，实验表明人在做承诺时是多么不理性。范博文教授给学生一个上面印有学校校徽的啤酒杯，这个杯子在学校书店里一个卖 5 元，学生可以留下来自己用，也可以在学校拍卖时卖掉。他们也可以参加大拍卖，竞标一些价值差不多的东西，譬如买印有学校校徽的圆珠笔或校旗作为礼物送给其他同学。结果范博文发现学生不肯卖自己的杯子，除非别人出价 7 元，但是别人一模一样的杯子，他却认为顶多值 4 元。“拥有感”竟然可以增加物品的价值，这同时也增加了人们对这个物品的承诺。这个研究告诉我们，这些所谓的智人（homo sapiens）其实不是经济人（homo economicus），我们不是根据经济法则进行理性交易的人。

上一章的主题告诉我们，工作不是劳动与金钱的简单交换，这一章更让我们看到爱不仅是感情的简单回报。工作可以是满意的来源，其重要性远远超过金钱带来的满足，它使工作变成了事业，展现了人可以做出深层承诺的能力，而爱又比这更进一步。

经济人法则认为人本质上是自私的，社会生活同样受到市场经营理念的规范，人们都在追求利益最大化。当你买一样东西时会问自己："这个东西有什么用？"我们如果预期得到的越多，我们的投资就会越大。然而，爱是进化过程中对这个法则最大的挑战。

请看一下"银行家悖论"：你是一位银行家，威利来向你借钱，威利有很好的信用，绝佳的抵押品，而且有光明的前途，所以你借钱给他。霍瑞斯也来向你借钱，他上次借钱因无力偿还，抵押品被银行没收，现在几乎没有任何抵押品，他年事已高，身体又不好，前途黯淡，所以你拒绝借钱给他。矛盾之处在于威利不太需要贷款，但是他很容易得到贷款；霍瑞斯很需要贷款却借不到钱。在经济人主控的世界里，那些真正需要帮助的人通常得不到援助，因为没有任何一个有理性的人敢冒险借钱给他；相反，那些有钱人会更有钱。

我们都祈祷这一天慢一点到来，因为人都会变老、会生病、会失去金钱、失去权力。简单地说，我们都会变成一个不好的投资对象。为什么我们不会像因纽特老人一样被送到冰上去等死？为什么我们能一跛一跛地苟延残喘活在人间？这是因为很多无私的人在支持我们。爱是进化对银行家悖论的回答，感情使别人不能取代我们。爱显示人类的承诺可以超越功利的利益交换，爱嘲笑着人类自私的理论。没有一句话比下面这句更动人心弦："从这一天开始，无论好坏、贫富、生病或健康，我都会爱你、珍惜你，直到死亡把我们分开。"

为了简单起见，在这一章中我将婚姻、稳定的关系、浪漫的爱统称为婚姻。从积极心理学的观点来看，婚姻非常有用。在对非常幸福的人的研究中发现，处在幸福程度前 10% 的人几乎都处在浪漫的关系中。很多调查都显示，结了婚的人比较幸福。在已婚的人中，有 40% 的人说他们"非常幸福"，而只有 23% 的未婚者这样说。在 17 个做过这类调查的国家和民族中情况都是如此。婚姻比工作满意、金钱或社群对幸福的影响都大。就如戴维 · 迈尔斯（David Myers）在他的《美国矛盾》（*American Paradox*）一书中所说："事实上，没有什么因素比你的亲密、平等、互相忠诚的伴侣更能预测幸福了。"

抑郁症的情况正好相反，结了婚的人最少得抑郁症，从来没有结过婚的人次之，以下依次是离过一次婚的、同居的、离过两次婚的。同样，情人分手或失恋也是最主要的情绪压力来源。当访谈者请人们描述"上一次发生在你身上的不幸事件"时，一半以上的美国人的答案是失恋。现在因为结婚率下降、离婚率上升，抑郁症的发病率也高涨起来。专门研究家庭的美国社会学家 G.H. 艾尔德（G.H. Elder）曾研究过住在旧金山的第三代移民的生活，他发现婚姻可以帮助人们抵抗不幸的打击。结了婚的人最能忍受贫穷、经济大萧条以及战争。也许读者还记得我在第 4 章中讨论过幸福的范围，结婚是唯一可以影响幸福的外在因素。

为什么婚姻这么有效？人为什么会结婚？为什么这么多不同的文化都有这个习俗？这些问题的答案看起来显而易见，但其实不然。研究爱的社会心理学家提供了可靠的答案。心理学家辛迪 · 哈赞（Cindy Hazan）告诉我们，爱有三种：**第一种爱能给我们舒适、接纳与帮助，可以提升我们的信心，指引我们的方向，我们也会爱对方，最典型的例子是孩子爱他们的父母。第二种爱是我们会爱那些依赖我们为生的人，如父母对子女的爱。第三种爱是浪漫的爱——把对方理想化，将双方的优势和美德放大，缺点缩小。**结婚真是个奇妙的安排，它使我们在一把伞下收获这三种爱，这使得婚姻历久不衰。

许多社会学家希望我们相信婚姻是社会和习俗所造成的契约和结构。我认为伴娘、宗教仪式或蜜月可能是社会建构的，但婚姻底层的架构则深远得多。进化非常注重繁衍后代，所以它对婚姻也会很在意。人类要成功地繁衍后代不能像有些动物一样仅靠快速的交配，然后父母就各奔前程。人类婴儿刚出生时尚未发育成熟，所以他必须得到父母的呵护，并学习生存之道。有父母保护的孩子才有可能长大成人，所以我们祖先中那些倾向于做长期承诺的人才有可能把基因传下来。所以婚姻是进化形成的，不是文化发展出来的。

有固定性关系的妇女排卵比较正常，而且一直排卵到中年以后，她们的更年期来得比较晚。根据已知的标准，父母未离婚的孩子在各方面的表现都比父母离婚的孩子好。例如，父母都是亲生的学生留级的比例比跟继父母住的孩子少 1/3 ～ 1/2。跟自己亲生父母住的孩子出现情绪障碍的比例也比其他生活形态的孩子少 1/4 ～ 1/3。此外，在父母婚姻稳定的情况下长大的孩子对未来的伴侣会有比较积极的态度，对维持长期婚姻关系也比较有兴趣。

爱与被爱的能力

事实上，我花了很长时间才了解了爱与被爱的能力之间的不同。从 1999 年的冬季开始，“亲密关系”和“爱”被很多人列为 24 项优势中最重要的优势，但是一直到哈佛大学的范伦特教授责备我们忽略了他所谓的“优势王后”（Queen of the Strengths），我们才真正了解到这两者的不同。

> 当范伦特争辩被爱应该是这个能力的中心时，我想到了桥牌名人内尔。十年前，在堪萨斯州的威奇托市，我很幸运地跟著名的内尔一起打了一周的桥牌。我很早就听说过他的大名，用“如雷贯耳”这个词一点都不过分。我听说他的牌艺是如何的精妙，还听说他很会讲故事。但我不知道他身体有残疾，身高不足 1.4 米，而且看起来比实际的还要矮。他的骨骼一直在萎缩，他的背几乎弯到腰部，当我把他从车上抱出来放在椅子上时，我发现他轻得像羽毛一样。

内尔讲了很多好笑的故事，也打了很多张好牌，但是我所记得的既不是他的故事也不是他的牌技，而是他使我觉得可以帮他的忙真的很棒。我模拟童子军日行一善已经50年了，我扶盲人过马路、替坐轮椅的人开门、捐零钱给街上的流浪者，等等，我已对感谢麻木了，更糟糕的是，有时候残障者不需要你的帮助，这让你觉得自己多此一举…… 但是内尔完全不同，通过某种神奇的魔力，他让你知道他非常感谢你，虽然他没有开口，但无声的感谢更让你感动。他让我觉得自己很了不起，我也可以感到他并没有觉得被我帮助以后自己就变渺小了。

范伦特正说话时，我回想起几个月前的这些事，我终于鼓起勇气打电话给内尔。当时我正在写这本书，我想问他是如何做到这一点的，我想请他写下他的方法，以便我们可以用在生活上。结果他们告诉我内尔已经去世了，所以他这个魔力永远失传了！内尔有被爱的能力，这个能力使他的生活很成功，年老并没有带给他痛苦，他一生都很幸福。

爱的风格以及童年时期的爱

在我继续这个故事之前，我请你先做一个信度很高的爱与被爱的测验。可以上网的读者请到网站（www.authentichappiness.com）花10分钟做一下克里斯·弗雷利（Chris Fraley）和菲尔·谢弗（Phil Shaver）编制的“亲密关系问卷”（Close Relationship Questionnaire）。如果你有爱侣的话，请他一起做会很有帮助。这个网站会立即给你反馈，让你知道自己的爱的风格。如果不能上网，你对下面三段文字的反应能体现出同样的风格。请仔细想一下，下面哪一段最能反映你过去最重要的浪漫关系？

1. 我发现我很容易跟别人亲近，我依赖他人或他人依赖我都不会使我感到不舒服。我不担心被人抛弃，或别人跟我太亲密。

2. 我跟别人太亲近时会觉得很不舒服、不自在。我发现我很难完全相信别人或让自己去依赖别人。当别人跟我很亲密时，我觉得紧张，我的情人常希望我能跟他更亲密一点，但我做不到。
3. 我发现别人不太情愿跟我亲密，至少比我希望的疏远。我常担心我的情人不是真的爱我，不想跟我在一起。我很想跟别人完全结合在一起，但是这个想法常常把他们吓跑。

现在有很好的证据显示不同的爱与被爱的风格源自童年的经验。如果你比较符合第一段，你的爱的风格是安全型的；如果符合第二段，则是回避型的；如果符合第三段，则是焦虑型的。

这三种风格的发现还有一个有趣的故事。第二次世界大战刚开始的时候，很多人关心欧洲的孤儿，因为他们的父母死了，孩子由国家收养。英国的心理分析学家约翰·鲍尔比（John Bowlby）对这些孤儿做了很细致的观察。当时社会工作者的态度反映着当时的政治状况，他们认为小孩子不一定要由某一个固定的人照顾，只要有吃有喝就能长大，他们不关心孩子心理层面的发展。仗着这个教条，社会工作者硬是从很贫穷或没有丈夫的母亲的怀抱里抢走了婴儿。鲍尔比仔细观察这些孩子的成长过程后发现，他们长大后大多不成才，许多成了小偷。鲍尔比发现大部分小偷的童年都很不幸，长期与母亲分离，他说这些孩子“没有感情，无法爱别人，只能维持表面的人际关系，容易愤怒甚至反社会”。

鲍尔比提出的“亲子关系无法被取代”的观念招来学术界以及社会福利部门的强烈抵制和嘲笑。学术界因受到弗洛伊德理论的影响，认为孩子的问题来自不能解决的内在冲突，并不是因为外在真实世界的欠缺，而持保护儿童福利观点的人则认为身体的需求被照顾好就可以了。基于这些不同观点，鲍尔比开始了第一个亲子分离的科学观察。

在那时，如果孩子住院，父母一周只能探视一次，每次一个小时。鲍尔比将探视的实况拍摄下来，发现孩子与父母分开时有三个阶段：抗议（哭、尖叫、敲打门、摇婴儿床），这可以持续几个小时或一天；然后是绝望（呜咽、被动地躺着、一动不动）；最后的阶段是分离（与父母保持距离，但是可以与其他大人或孩子进行互动，接受新的照顾者）。最令人惊讶的是，当孩子进入分离的阶段后，即使他的妈妈回来了，孩子也没有见到妈妈的喜悦。

接下来是玛丽·安斯沃斯（Mary Ainsworth）的实验，她是约翰斯·霍普金斯大学的婴儿研究专家，她将鲍尔比的观察带进实验室。首先，她请母亲把婴儿带进一间满是玩具的游戏室，当孩子去玩新玩具时，母亲安静地坐在后面。然后一位陌生人进来，母亲离开，陌生人哄着孩子继续玩，然后母亲再进来。这样进行了好几次，结果安斯沃斯观察到了我前面叙述的三种风格。有安全感的孩子以他的母亲为安全基地去探索房间，当母亲离开时，他就停下来不玩了，但是对陌生人很友善，可以被哄着继续玩。当母亲再进来时，他会抓着母亲不放，当他觉得舒适有安全感后，又会继续去玩。

回避型婴儿是母亲在时他会去玩，但是他与安全型的婴儿的差别在于他很少笑，他也不会把新奇的玩具拿给妈妈看。当母亲离开时，他并没有强烈的反应，他对待陌生人就像对妈妈一样；当母亲回来时，婴儿像没看见一样。当母亲把他抱起来时，他也不会抓着妈妈不放。

焦虑型的婴儿似乎不能把母亲作为探索的安全基地，他们紧抓着母亲不肯下来玩。当母亲离开时会大哭，陌生人无法使他们安静下来；当母亲再度进来时，他们冲过去抱住母亲，但是会很愤怒地把头转开。

鲍尔比和安斯沃斯这两位婴儿研究的先驱把这个现象称为依恋（attachment），当时的心理学界正笼罩在冷漠无情的行为主义阴影之下。后来哈赞和谢弗发现，鲍尔比和安斯沃斯所观察到的不只是依恋，还有爱。而且不只是婴儿，人的一生都有这些特点。他们认为孩提时期跟母亲的关系，影响着他以后一生的亲密关系。你与母亲的关系模式会表现在童年期与兄弟姐妹和好朋友的关系上，青少年时会表现在与初恋对象的关系上，甚至在婚姻关系上。你的模式并不是僵化不变的，它会受到积极和消极经验的影响，在许多不同的维度上，它决定了三种不同的爱的途径。

记忆：在安全型的人的记忆中，他们的父母总会在身边，很温暖、有爱心。回避型的人的记忆是他们的母亲很冷漠、拒绝他，总是不在身边。而焦虑型的人则记得他的父亲很不公平。

态度：安全型的人有自信，很少自我怀疑。别人喜欢他，他也相信别人，他认为别人都是可靠的、好心的，喜欢帮助人直到不好的经历让他接受教训为止。回避型的人对别人充满了怀疑，认为别人都不诚实、不可信。他们缺乏自信，特别是在社交中。焦虑型的人则认为他们对环境和自己的命运没有什么控制权，觉得很难了解和预测别人的行为，所以别人的行为使他感到困扰。

目标：安全型的人会努力与他所爱的人建立亲密关系，想办法在依赖与独立间建立一个平衡点。回避型的人让自己与所爱的人保持一定的距离，他们把自己的成就看得比亲密关系更重要。焦虑型的人抓着别人不放，他们一直害怕被拒绝，他们不愿意他们所爱的人自主或独立。

痛苦管理：当安全型的人不高兴时，他们会承认自己心情不好，他们会想办法利用这个压力情境去获得有建设性的结果。回避型的人不向别人坦露心事，他们不告诉你他不高兴，他们也不表现出愤怒或承认自己很愤怒。焦虑型的人到处诉说他的压力和愤怒，但是当被威胁时，他又马上缩回去，不敢吭声。

下面是一位安全型的人在谈她的罗曼史。

我们是很好的朋友，彼此认识已经很久了，我们喜欢同样的东西。有一件事我很喜欢，那就是他跟我的好朋友都处得很好。他非常理性，我们可以聊很多事情。我在他面前不必伪装，可以做我自己。这让我感到很舒服，我们彼此信任而不是占有。

相反，下面是一个回避型的人的自述。

我的情人是我最好的朋友。他跟我的其他朋友一样，对我有特殊意义。他并不打算结婚或对任何女性有长久的陪伴，我觉得这样很好，因为我也是这么想的。我发现他并不喜欢太亲密，他也不需要很多的承诺，这对我而言也很好。实际上有的时候我会担心有人会和我过于亲密，甚至会控制我的生活。

最后，这是焦虑型的人的自述。

所以我就走过去……他坐在板凳上，我在看到他第一眼时就完全融化了。他是我见过的最英俊的人，这是我注意到的第一件事，然后我们就一起出去，在公园里吃午餐。我们只是安静地坐在那儿，没有说话，但并不觉得怪。你知道，通常和陌生人在一起而没话说，人们会觉得怪怪的，但是我跟他没有这种感觉。我们只是坐在那里，好像彼此已经相识了很久，但我们才认识了 10 秒而已。

安全、亲密的爱情

研究者发现可以把爱分成三种风格之后，便开始追踪每种人的爱情生活。实验室和真实世界的观察都告诉我们，安全型的依恋关系是爱情生活中的积极因素。

有一个研究是从日记中找出各种不同风格的人配对后的结果，研究发现两个明显的现象：安全型的人跟别人亲密相处时很自在，他们不太担心这段关系会不会成功。最重要的是，他们对婚姻比较满意。因此，要有一个稳定的婚姻就应把两个安全依恋型的人放在一起。但有很多婚姻却只有一方是安全型的，这些婚姻后来会怎么样呢？研究发现，即使只有一方是安全型的，另一方是回避型或焦虑型，他们对婚姻也算比较满意。

婚姻有三个方面：照顾别人、性和处理问题。安全型的人比较会照顾配偶，他们不但比较亲密，而且较知道对方的需求。焦虑型的人在这方面正好相反，他们是“强迫性”的照顾，不管对方要不要都一直在给予，使对方透不过气来。回避型的人则是保持距离，并且不知道什么时候对方需要照顾。

性方面也是一样，安全型的人会避免一夜情或露水鸳鸯型的性行为，他们认为没有感情的性没有意义。回避型的人则比较赞成随意性交，他们喜欢没有感情的性。焦虑型的女性常会卷入暴露狂、偷窥及性虐待的丑闻中，而焦虑型的男性的性交次数会比较少。

在海湾战争期间，有两个研究发现，当婚姻触礁时，安全型、回避型和焦虑型的人的反应会不一样。其中一个研究是在以色列做的，当伊拉克的飞毛腿导弹打过来时，安全型的人寻求别人的支持，回避型的人却不会，焦虑型的人则集中注意力到自己身上，结果回避型和焦虑型的人身心综合征的症状较重，并有较强的敌意。在美国，海湾战争期间，许多人与配偶分离，这给了研究者一个机会来观察不同类型的人对分离和重逢的反应。结果发现，这些士兵跟安斯沃斯研究的婴儿一样，安全型的人有较高的婚姻满意度，重逢后的冲突也比较少。

综上所述，安全型的人在各个观察指标上都表现得比较好，所以积极心理学现在转而探讨安全的依恋会如何增进亲密关系。

如何让关系更亲密

虽然我是个治疗师，也是治疗师的老师，但我并不是婚姻治疗师，所以在这一章里，我无法引用第一手的临床经验。不过，我看了大量有关婚姻的重要文献。这是一件相当令人沮丧的事，因为这些文献几乎全是关于如何使一个坏的婚姻变得比较可以忍受，里面都是身心被虐待的人、坏心眼的人，以及邪恶的婆婆等，文献中的人都在彼此抱怨。当然，也有一些比较好的书教你如何减轻婚姻的压力。

当我读这些书时，我的目标并不是解决婚姻问题，本章所谈的积极心理学的人际关系并不是谈如何修补快要瓦解的婚姻，而是如何使一个稳固的婚姻更好，所以我要寻找的是使亲密关系能变得更亲密的因素。下面我将几点重要的心得与你分享。

你爱他什么

如果你能每天都展现自己的优势，你的婚姻就会比较美满。配偶会与我们坠入爱河，通常是因为他们看到了我们的优势与美德，但是爱情会逐渐褪色，即使是最强烈的爱情，在结婚十年后也会逐渐走下坡路。那些当初吸引我们的优势随着时间的流逝就变成理所当然的了，时间长了，那些令人倾慕的人格特质就变成了习惯。如果两人相处得不好，这些更变成了蔑视的目标。稳重与忠贞，结了婚就可能变成不解风情、顽固甚至无趣；原来吸引你的外向、机智风趣，现在可能变成了唠叨，再久一点就变成了大嘴巴；正直变成了倔强固执、冥顽不灵，毅力变成了死脑筋，仁慈变成了妇人之仁。

华盛顿大学的约翰 · 戈特曼（John Gottman）教授是我最喜爱的婚姻研究者。他能预测哪些人会离婚，哪些人会白头偕老，准确率高达 90%，然后用这些知识来设计一些使婚姻更美好的课程。在他的“爱情实验室”中，他每个周末都会观察许多夫妻的互动，一天观察 12 个小时。这个爱情实验室是一间很舒适的公寓，有家的温暖，加上一面观察用的单向镜。他归纳出的婚姻破裂的征兆如下：

- 一开始争吵就很凶。
- 批评对方而不是抱怨。
- 轻视对方。
- 一点小事就吵，并极力为自己辩护。
- 不分青红皂白。
- 负面的肢体语言。

戈特曼在预测婚姻会不会持久时也发现，婚姻持久的夫妻比不持久的夫妻每周多花 5 个小时在维护他们的婚姻上。下面是这些夫妻的所作所为，我建议你做个参考。

> **出门：**这些夫妻早上出门时，会找出一件那天两个人都会去做的事（2 分钟 ×5 天 = 10 分钟）。
>
> **回家：**每天下班回来时，这些夫妻都有一段很轻松的谈话（20 分钟 ×5 天 = 1 小时 40 分钟）。
>
> **爱意：**抚摸、拥抱、亲吻，这些行为饱含着温柔与互相谅解的信息（5 分钟 ×7 天 = 35 分钟）。
>
> **一周约会一次：**两人找一个轻松的环境，将爱情升级（一周 2 个小时）。
>
> **称赞与欣赏：**每天至少称赞和感谢对方一次（5 分钟 ×7 天 = 35 分钟）。

《幸福的婚姻》[①] 是我最喜欢的婚姻咨询书，戈特曼和另一位作者设计了

① 这是一本非常实用的婚姻指南，任何夫妻都能从中受益。在该书中，戈特曼用大数据还原婚姻关系的真相，并总结出了使婚姻免于破裂的 7 个法则。该书中文简体字版已于 2014 年由湛庐文化引进、浙江人民出版社出版。——编者注

许多练习，以使夫妻对彼此优势的喜爱与倾慕能够持久。下面是我改编的一些练习，请找出配偶的三个主要优势。

表 11-1 透视爱侣的优势

☐ **智慧与知识**

1. 好奇心______ 2. 热爱学习______ 3. 判断力______
4. 创造性______ 5. 社会智慧______ 6. 洞察力______

☐ **勇气**

7. 勇敢______ 8. 毅力______ 9. 正直______

☐ **仁爱**

10. 仁慈______ 11. 爱______

☐ **正义**

12. 公民精神______ 13. 公平______ 14. 领导力______

☐ **节制**

15. 自我控制______ 16. 谨慎______ 17. 谦虚______

☐ **精神卓越**

18. 美感______ 19. 感恩______ 20. 希望______
21. 灵性______ 22. 宽恕______ 23. 幽默______
24. 热忱______

根据你所挑选出来的三个优势，请写出最近发生在你配偶身上，使你觉得值得赞美的事情，让你的配偶读你所写的句子，也请他做这个练习。

优势 ______________________________
事件 ______________________________

优势 ______________________________
事件 ______________________________

优势 ____

事件 ____

这个练习的理论核心是理想自我，你心中的你和配偶心中的你到底是怎样的。这个理想自我是我们认为的自己最好的形象，是我们的优势得到最大限度发挥时的自我。当我们感到自己今天的表现跟这个理想自我很接近时，我们就会很满足。做这个练习会让你看到发挥优势会使你更满足，当我们的配偶也看到时，我们就会觉得更要做好，以免让他失望。这个观念源于婚姻研究的最大发现，我称之为“抓紧你的幻觉”（hold on to your illusion）。

纽约州立大学的桑德里·默里（Sandra Murray）是一位非常有想象力的婚姻研究专家，他专门研究浪漫的幻觉。她设计了一个测量优势幻觉的方法，她请夫妇或男女朋友根据各种不同的优势和缺点给自己评分、给伴侣评分、给想象的理想伴侣评分，然后请这对夫妇的朋友就同样的项目再来评分。这个研究的重点在于你的配偶对你优势的评分和你朋友对你优势的评分，两者在优势方面的评分差距越大，表示你的配偶对你越有浪漫的幻觉。

令人惊讶的是，这个幻觉越大，婚姻就越美满，关系越稳固。满意的配偶在对方身上看到的是美德；相反，不满意的配偶看到的是缺点的放大，他们在配偶身上看到的优点比朋友看到的要少。最快乐的夫妇只注意对方的优势，而忽略对方的不足。他们相信那些会影响别人的厄运不会对他们发生作用，因为他们看到的是事情的光明面。这些夫妇在实际受到打击时都能重新振作起来，而这与他们对配偶的幻觉的大小成正比：幻觉越大，振作得越快。默里发现，积极的幻觉是自我实现的，因为一个被理想化的配偶会希望达到这个理想，这变成一个减少日常生活摩擦的缓冲器。你的配偶会因幻觉而把你的缺点变少，将你的短处提升为长处。

乐观的夫妻更幸福

这些幸福的夫妇说话时都先说“是的”，然后才说“但是”。有一位妻子的先生在争执时有个强迫性的毛病，即对一点儿小问题都要拿出来一讲再讲，但是这位妻子轻描淡写地说：“我觉得这种反复讨论很有帮助，因为这样的话，我们家的小问题都不会转化成大问题。”对于先生的缺乏自信，另一位妻子说：“这使我更有机会来照顾他。”有一位妻子对先生的固执的说法是：“我尊重他的强烈信仰，这使我对我们的关系有信心，因为这表明他不是三心二意的人。”对于嫉妒，有一位妻子说：“这表明我的存在对他很重要。”对于暴跳如雷，一位先生说：“开始我认为她一定是疯了，但是现在如果她不发脾气，我反而会想念。”对于害羞，他则说：“她不强迫我说出我也不想说的事……这使我对她更具吸引力！”

这些都与婚姻的乐观解释有关。在第 6 章中，我讨论了乐观的解释风格跟幸福感的关系，跟工作成功的关系，跟健康的关系，以及跟抵抗抑郁症的关系。乐观的解释风格对爱情也会有助益。乐观的人把不好的事情看成暂时的和特定的，但对好的事情，他们把它解释成永久的和普遍的。纽约州立大学的弗兰克·芬彻姆（Frank Fincham）和加州大学洛杉矶分校的托马斯·布拉德伯里（Thomas Bradbury），花了十年时间追踪这种解释风格对婚姻的影响，他们的第一个发现是，成功的婚姻有多种乐观和悲观的排列组合，但如果两个悲观的人结婚，婚姻则不会长久。

当两个悲观的人结婚时，万一有不幸的事发生，两人的关系就江河日下，一败涂地了。例如，妻子下班晚了，先生用他悲观的解释风格想“她把工作看得比我重”，于是心情不好。如果她也是悲观的，就会把他的心情不好解释成：“他一点都不感激我每个月带回来丰厚的工资，没有加班，没有努力工作，怎么会有这么多工资？”于是她把想法告诉他。他说：“当我告诉你我的不满时，你从来都心不在焉。”她反唇相讥道：“你就只会抱怨，其他什么都不会。”于是争执越来越厉害。如果一开始用乐观的解释风格，这一切就都可以避免了。她应该不去唠叨他的不感激，而可以说：“我本来也想早一点回家吃你做的晚餐，但是差一刻五点时，领导突然送来一件大案子，我只好留下来处理。”他也可以说：“对我来说，你早一点回家跟我一起吃饭非常重要。”

这个研究发现，两个悲观者的婚姻无法长久。假如你和你的配偶在第 6 章的测验分数都在零分以下，我希望你记住我的忠告：你需要努力去打破悲观的想法，夫妻两人都得做《活出最乐观的自己》一书第 12 章的练习，一周后再用本书第 6 章的测验检查你们的改善情况。请一直练习直到分数比平均数高为止。

在婚姻与乐观、悲观的研究中，有一项很艰苦的追踪研究，这个研究追踪了 54 对新人四年来的关系，结果发现婚姻的满意度与乐观的解释风格是一起提升的，也就是说，积极的解释风格能产生满意的婚姻，满意感也会创造出更多的积极的解释风格。当你的配偶做了一件使你生气的事时，请努力去找一个行得通的、暂时的、只针对这件事的理由，“他太累了”“他今天心情不好”“都是因为他喝醉了”，而不要去想：“他总是不注意听我说话”“他是坏脾气”“他是个酒鬼”。当你的配偶做了件好事时，要把它放大，要将它解释成永久的、普遍的：“她很聪明”“她总能赢别人”；而不要去想：“对手放弃了”“她今天运气真好”。

如何听爱人说话

林肯总统是个最会倾听的人。他有一个词汇锦囊，当别人滔滔不绝地抱怨时，他常常适时地加入“我一点都不怪你会这样……”“难怪……”，这会使说的人认为林肯在很专心地听他诉苦。我最欣赏林肯总统的一点是他具有类似下面的技巧。

> 有位东方的君王要他的智囊替他找出一个句子，这个句子在任何时间、任何地点、任何情况下用都很恰当，而且必须是真话。结果大臣呈上的是："这个，也将随风而逝（And this, too, shall pass away)。"这句话的含义多么深刻！对骄傲的人这是莫大的谴责，对痛苦的人这是莫大的安慰！

我们的对话常包括述说和等待这两个部分。然而述说和等待的这种沟通方式并不是婚姻中很好的沟通。最近心理学有个领域专门分析反应式倾听（responsive listening），其中的内容对改善婚姻会有帮助。

做一个好听众的第一个原则是给予确认，说话的人首先想知道的就是他说的话你有没有听懂（"嗯""我了解""我知道你意思""真的吗？"）。他进一步想知道的是，听的人是否同意他的话或至少能表示同情（点头或是说"真的是""是的""的确如此""这不能怪你"）。你必须尽力地让配偶知道你在听她说话，话题越重要，你越要表现出洗耳恭听的姿态，心里的不同意请留到你说话的时候再说。

非反应式倾听最表象的问题就是心不在焉。要避免这个问题，首先要处理好一些外在因素，如孩子哭闹、电视声音太大、电话的干扰或你耳背等。另外，还有一些内在因素会让你不注意听，如疲劳、想别的事情、无聊、准备你自己的反驳（这是最普遍的原因）。如果配偶觉得你没有在认真听，她会更生气，所以你要想办法在事情变得更糟以前整理下心情。如果你是因为累、心中有别的事，或是觉得无聊而不能专心听，那么你要马上说"我很想跟你好好聊聊，但是我现在太累了"，或是"我现在在算所得税，等我弄完后再谈好吗"，或是"我还在为玛丽今天侮辱我的事不痛快，我们可以等一下再谈吗"。一边听一边准备你的反驳是很不容易克服的坏习惯。克服方法是用他的话来做你的反驳的开头句，不过要稍微修改一下，因为用另一个句子来表达同样的意思需要你更注意地去倾听。有时候，我在课堂上发现学生没有好好地听同学们的讨论，我也会让他换个说法把这个同学表达的内容再说一遍。

另外一个使你不能好好听别人说话的障碍是你内心的情绪。当我们心情好时，我们对说话者的意思会尽量从好的方面去解释；当你的心情不好时，那些话在你心中就集结成消极的解释，你的共情就会消失。我们挑人家毛病的能力远比看到人家优点的能力强，因此，在这种情况下，马上面对自己的情绪是一剂解药（“我今天真是很有挫折感。”“我很抱歉对你的态度不好。”“我们吃过晚饭后再谈，好吗？”）。

这些都是很好的谈话技巧，但是对一触即发的问题则没有效。婚姻有问题的夫妻几乎每次讨论的都是一触即发的问题，马上会升级到开火作战。即使是关系很好的夫妻也有一些敏感话题。马克曼、史丹利和布鲁伯格特的研究将帮你成功驶过这些婚姻的暗礁，他们把这种技巧比喻为操作原子反应堆：这些问题会产生能量，这些能量可以导向建构性的用途也可以引爆原子弹，让你无法收拾。但你有控制杆——一个把能量引开的装备，这个装备就是“说话者—听话者仪式”（speaker-listener ritual）。

当你发现自己在谈一个危险话题时，无论它是金钱、性还是岳父母、公婆，马上提醒自己：“这是最危险的话题，马上采用说话者—听话者仪式。”当这个仪式启动时，拿出一块小毯子（或任何东西来表示说话者的讲台），两人都得同意手上有小毯子的人才可以说话，没有的人是听众；一个人说完后再把毯子交给另一个，换人说。不要想去解决问题，这里只是倾听，一定要先听对方的话才可能解决问题。

轮到你说话时，请说你的思想和感觉，不要去谈你的解释和观点。不要连珠炮似的说，因为你有很多时间来说话，重要的是你要清楚地表达自己的感受。说话中间要常停顿，让对方有时间用不同的词来释义，这样对方会理解得更清楚。

当你做听众时，如果对方请你换种说法说出他的意思，请不要拒绝，也不要提供解决方案。同时，不要做消极的肢体语言或表情，你的任务只是让对方知道你听到了、了解了他说的话。等你手上拿到毯子时，再提出异议。

下面是一个真实的例子：泰西和彼得有个一触即发的问题，就是儿子杰若米应该上哪一所幼儿园。彼得一直想逃避这个问题，泰西站在电视机前挡住电视，迫使彼得面对这个问题。她交给彼得那块毯子。

彼得（说话者）：我一直在想杰若米上幼儿园的问题，我甚至没想好他今年要不要去，他还小。

泰西（听话者）：你很关心这个问题，但你不确定他心理准备好了没有。

彼得（说话者）：是的，正是如此，他年龄还小，还不太成熟，我不能确定他去幼儿园会怎样。

请注意，彼得在认为泰西的总结是中肯的之后，他才继续说了下去。

泰西（听话者）：你很担心他跟大孩子在一起会吃亏，是吗？

泰西不确定她是否理解了彼得的意思，所以她在后面加了一个疑问句。

彼得（说话者）：部分原因是这样，我不确定他对离开你那么久是否做好了心理准备。当然，我并不希望他太依赖你。

他们交换毯子，现在泰西拿着毯子。

泰西（说话者）：我很感激你能说这些。事实上，我不知道你已经想过这么多了。我原来很担心你根本不在意这件事。

泰西现在是说话的人，她先对彼得的话予以了确认。

彼得（听话者）：听起来好像你很高兴我关注此事。

> **泰西（说话者）：**是的，我承认做这个决定不容易。他如果今年上幼儿园的话，一定要是个适合他的地方才行。
>
> **彼得（听话者）：**你是说一定要有个适合他上的幼儿园才会送他去上吗？
>
> **泰西（说话者）：**是这样，我们如果能找到一个环境很好的幼儿园，才会放心让他这么小就上幼儿园。

泰西很高兴彼得仔细地听她说话，并让他知道她很高兴。

> **彼得（听话者）：**如果我们找到好的幼儿园，你就会试着送杰若米去，对吗？
>
> **泰西（说话者）：**我可能会试，但我还有点不确定。
>
> **彼得（听话者）：**你是说你还没准备好一定会送儿子去，即使你找到很理想的幼儿园？
>
> **泰西（说话者）：**是的。现在该你说话了。

本章谈到两个能使美好婚姻更好的原则：注意力和不可取代性。你一定把注意力给予你所爱的人。上述说话者和听话者的技巧可以帮助你改进注意的质量。当你的注意力带有感情，当你特意去称赞配偶的优势时，你就是在改进自己注意的质量。数量也很重要，我不赞同时下流行的所谓“品质时间”（quality time），对我们所爱和爱我们的人，我们不只是要求他注意听（质），还要求他常常听（量）。当办公室的压力、学校的压力或外界无穷尽的压力闯入他们的家庭生活，并且以此取代了应该给予配偶的注意，爱就会被稀释，不可取代性就是它的最低要求。

> 有一天我跟妮基讨论克隆，她已经十岁了，从曼迪的生物课中学习到了克隆。我说这是一种可以达到长生不老目的的科学配方。科学家可以克隆出一个你，至少外表和你一样。进一步想象一下，脑科学已经进步到可以克隆你大脑的内容，你的每一个神经细胞的

> 状态。当你快 100 岁时，科学家可以把你大脑里的东西下载到克隆的妮基的脑袋里，妮基又可以再活 100 岁了。假如你每个世纪都这样做一次，就可以长生不老了。

想不到妮基并没有很高兴，反而很沮丧，垂下了眼睛，几乎要哭了，她呜咽道："那不会是我，我是不可替代的。"

只有我们在所爱的人眼中是独一无二、不可替代的，婚姻才可能是深沉的甚至是不理性的承诺。如果我们可以被取代，爱将是很肤浅的。我们在对方眼中具有不可取代性的一个原因就是我们的优势和我们的独特性。有些很幸运的人可以爱别人的同时也接受别人的爱。他们既像河流一样汩汩地流淌着爱，也像海绵一样吸收着爱，这是获得爱的最有力的途径。我们大部分人并没有这种特殊的优势，我们必须通过努力才会获得。天才作家有着绝顶的智商、超大的词汇量，而平凡的你如果想成为成功的作家，就必须比那些天才更努力。毅力、好的导师、会推销自己、读很多书可以弥补平庸的智商和词汇，美好的婚姻也是一样。幸运的是，条条大路通罗马：仁慈、满足、感恩、宽恕、社会智慧、洞察力、正直、幽默、热忱、公平、自我控制、谨慎和谦虚，这些优势都可以引导你走向爱。

塞利格曼的解答

Authentic Happiness

1 在你生命的头几年，你与养育者之间形成的依恋关系会影响日后你与配偶的关系。安全型的人比较会照顾他们的配偶，他们与配偶更亲密，更了解对方的需求。焦虑型的人是“强迫性”的照顾者，不管对方要不要都一直在给，让对方喘不过气来。回避型的人则是保持距离，不知道什么时候对方需要照顾。在性方面，安全型的人避免一夜情或露水鸳鸯型的性行为，他们认为没有感情的性没有意义。回避型的人则比较赞成随意性交，他们喜欢没有感情的性。焦虑型的女性常会卷入暴露狂、偷窥及性虐待的丑闻中，而焦虑型的男性的性交次数会比较少。

2 如果你是一个悲观者，请一定找个乐观的人结婚，两个悲观者的婚姻肯定不持久。另外，要让婚姻更美好，一定要给对方保质保量的注意力。多练习本书提供的沟通技巧，了解并赞美配偶的优势。不要把外面的压力带到婚姻中，这样做只会让你“城门失火，殃及池鱼”。在婚姻中充分发挥和展现你的优势，同时不要太理性，情人眼里的你是最独特的，是没人能取代的。

Using the New Positive Psychology
to Realize Your Potential for Lasting Fulfillment

第12章
别让孩子输在幸福感上

对待孩子的积极情绪要像对待他的消极情绪一样严肃，
对待孩子的优势要像对待他的不足一样上心。

我们的困惑	1. 通过哪些方法可以培养积极的、有幸福感的孩子？ 2. 我的孩子有什么优势？应该如何发挥这些优势？

“考古学家是不休息的！”达里尔喘息着说。他从齐腰深的洞中把棒球大小、火山岩浆凝固后形成的黑色石头扔出来，这个6岁的小男孩已经在墨西哥炎热的太阳下连续挖了4个小时，曼迪一直在叫他到树荫下来休息一下。今天早上吃早饭时，有位年轻的考古学家跟我们谈起她在宾夕法尼亚威廉斯堡挖掘的情形，几分钟以后，达里尔涂好防晒油、穿上长袖衬衫、戴了帽子便到沙滩上开始挖，一直到现在。

我中午回来吃午饭，看到旅馆整修得漂漂亮亮的海滩现在散布着几十块大大小小的石头，外加三个深洞。“达里尔，这些石头不可能填平那些洞的！”我呵斥他。

“爸爸，你真是个悲观的人，”达里尔回答。“我想你写的《教出乐观的孩子》那本书一定写得不好。”

当我写这本书时，达里尔是我们四个孩子中的老三，劳拉12岁、妮基10岁、达里尔8岁、卡莉1岁。本章的内容很多来自我个人的经验，因为有关儿童积极心理学和积极人格特质的研究还非常少，曼迪和我在教养孩子上采用了很多积极心理学的原则。我把本章分成两个部分：第一是儿童的积极情绪；第二是优势与美德，童年积极情绪的产物。

孩子的幸福感

当孩子发脾气、哭闹时，我们很容易忽略儿童的很多积极情绪。孩子就像小猫、小狗一样可爱、顽皮、好动，一直要到儿童期的晚期和青春期的早期，他们才会出现像石头一样的漠然、冷酷以及忧郁。有人认为小孩之所以很可爱，是因为从进化的角度来看，可爱的东西会引起大人的怜爱，这有利于孩子的生存。但为什么小孩都很快乐、很爱玩呢？

我们在第 3 章中看到，积极情绪是培养出来的。它不像消极情绪那样让我们集中身体的资源去打退逼近的威胁，积极情绪帮助我们成长。积极情绪有三个教养原则。**第一个原则是，积极情绪扩展并建构了孩子的智力、社会和身体资源，使他长大后可以立足于社会，因此也是进化上一个重要的儿童成长因素。**

当幼小的有机体（小孩、小猫、小狗）体验到消极情绪时，他们会躲避。如果没有安全的地方可躲，他们便会僵住不动，一旦觉得安全了，又会跑出来继续探索。进化使小动物在感到安全时能感受到积极情绪，并使他们向外扩展他们的经验和资源。把一个 10 个月大的婴儿放在堆满玩具的毛毯上时，他一开始会非常小心，甚至不敢动，每隔几秒钟便回过头去看一下妈妈还在不在，一旦确定安全后，他便会爬过去玩玩具。

这就是上一章所谈到的安全型依恋，有安全感的孩子比没有的孩子更早开始探索和控制环境。但是如果危险出现，而母亲又不在时，消极情绪便会冒出来，孩子会用自己有限的资源去寻求安全，他不会去冒险，而是背对危险，开始大哭求救。当母亲出现时，他再度感到快乐和安全，又开始去探索和冒险。

我认为小孩表现出那么多的积极情绪是因为童年是建构认知、社会和身体资源的时期。积极情绪可以通过几种方式来达到这个目的：首先它直接与探索有关，探索使孩子有控制感，控制感本身会带来积极情绪，互相形成正反馈，就像螺旋楼梯一样扶摇直上。孩子如此向上建构累积，这使他们起初很少的资源储备开始快速增加。当体验到消极情绪时，他会退缩回他认为安全的城堡里，而代价就是失去了向外扩展的机会。

35 年前，认知心理学家发现，孩子会因为抑郁的父母所传播出来的消极情绪而形成向下的螺旋。

> 乔依斯早上四点就醒了，开始想她今天要完成的报告，这份报告已经拖了一天了。躺在床上，想到老板是多么讨厌工作拖拉，她的心情开始越来越糟，她想："即使我的报告写得很好，但迟了一天还是会惹他发火。"想到老板发火的样子，她的心情更低落了。她又想："我可能会因此而失业"，并继续想象告诉自己的两个双胞胎孩子，她失业了，所以不能送他们去夏令营，此时她的眼泪流了下来。在黑暗的绝望深处，她开始想或许应该一了百了，不用这么辛苦，安眠药就在浴室里……

抑郁症很普遍，因为抑郁的情绪会激活消极的记忆，消极记忆又会带来更多消极的情绪，于是就钻进牛角尖里无法自拔了。如何逃脱这个消极漩涡是每个抑郁症患者都要学习的。

真的存在一种积极向上的螺旋吗？人在快乐时，他们更有创造力，视野变宽，更有探索精神，这个变宽变广的过程增加了他们的资源，使他们面对挑战时更可能获胜，这反过来又增加他们的积极情绪，从而更扩大了他们的视野。所以这个向上的螺旋真的存在，我们要学会驾驭它，让它来增加生活中的快乐。

弗雷德里克森和托马斯·乔伊纳（Thomas Joiner）在实验室中寻找向上的螺旋。他们请 138 位学生前后填写情绪问卷两次，中间间隔 5 个星期。同时测查他们的认知应对方式两次，每个学生找出去年发生的最重要的一个问题，写下他应付这个问题的方法，例如辞职、寻求建议、重新思考这个问题、找人倾吐、回避或认知分析（一种打开心胸的应对方式，包括从不同角度来思考同一个问题，退一步以便更客观地衡量情况）。

同样的人 5 个星期之后再做同样的测验。结果显示，本来就快乐的人 5 个星期之后心胸变得更宽广，而本来就心胸宽广的人在 5 个星期之后会更快乐。这个实验找出了向上的螺旋，**所以第二个教养孩子的原则是鼓励孩子的积极情绪，使他早早启动向上的螺旋，以获得更多的积极情绪。**

第三个原则是对待孩子的积极情绪要像对待消极情绪一样严肃，对待他的优势要像对待他的不足一样上心。现在的教条主张消极动机是人性的基础，而积极动机是源于消极动机的，但我没有看到任何一丝证据可以支持上述说法。相反，我认为进化同时选择了两种特质，任何生活环境都支持道德、合作、利他行为和善良；就像任何地方都有谋杀、偷窃、自私和邪恶一样。这种认为积极和消极特质都具有基础性和真实性的观点正是积极心理学的大前提。

当父母碰到孩子发脾气、哭泣或打架时，他们肯定想不起本书提出的具体的建议。但是父母千万不要忘记积极心理学的三个教养原则：

- 积极情绪扩展并建构了孩子智力的、社会的和身体的资源，这使他长大后有所依。
- 鼓励孩子的积极情绪，使他们能尽早启动积极情绪的向上螺旋。
- 孩子的积极人格特质跟他的消极特质一样真实。

做父母最快乐的事应该是建构孩子的积极情绪和人格特质，而不是去化解他的消极情绪，消除消极人格特质。你可以看到三个月大的婴儿微笑，但你不知道这意味着仁慈还是谨慎。积极情绪一般都比优势或美德出现得早，所以我们是从积极情绪发展出优势和美德的。下面是如何建构孩子积极情绪的方法。

建构孩子幸福感的八种方法

1. 和宝宝一起睡

自从我们的大女儿劳拉出生后，曼迪和我就开始跟宝宝一起睡觉，为的是方便曼迪喂奶。当曼迪刚提出这个想法时，我吓坏了："我看过一部电影，其中有一个情节是母牛翻身时把小牛给压死了；而且如果这样，我们的爱情生活怎么办？"由于曼迪想要四个孩子而我一个都不想要，所以我们折中的方式是一切依曼迪。后来我们发现，这个一起睡的方式真的很好，所以后来新出生的宝宝都跟我们一起睡，卡莉快一岁时还是跟着我们睡。

这样做有以下几个好处。

宠爱

我认为这样可以建立牢固的亲子关系。当婴儿睁开眼睛时，父母就在身边，他不会有被抛弃的恐惧，安全感会增加。对于工作较忙的父母来说，这同时增加了你与婴儿接触的机会，父母可以在孩子入睡前、熟睡中、天亮睡醒时都跟孩子在一起。当婴儿发现他半夜不必狠命哭才会有奶吃时，你就没有鼓励他用哭来换取食物。让孩子觉得他是被宠爱的、珍视的，带着被爱的期待进入新环境正是我们所期望的，这是最有效的期望。

安全感

就像所有的父母一样，我们也担心自己孩子会不会突然停止呼吸，会不会被人偷抱走，或是遭遇火灾，被宠物抓伤、蚊子叮咬等。如果你就在孩子的身边，你会觉得很安心。

父亲的参与

在我们印象中，带孩子好像是妈妈的事，所以孩子通常会跟着妈妈转，爸爸很难进入孩子的世界。跟孩子一起睡使得父亲也可以参与孩子的成长。

> 现在是柏林时间的凌晨三点，我们躺在床上努力想要入睡，因为我们知道明天有一整天的行程，而再过 4 小时天就要亮了。5 个月大的卡莉醒来后开始吵闹，喂她奶也没有用，似乎没有东西可以让她安静下来。“该你了，亲爱的。”妻子在我身边悄声说，虽然我假装睡着了。我坐起来，妻子躺下去，卡莉还是一直哭，现在该我了，我该做什么呢？我试着按摩她的背、拍她、哄她，但都没用，一点办法也没有。
>
> 对了，可以唱歌给她听。我歌唱得非常差，差到八年级的合唱团虽然人数不足却也不肯要我，所以我深以为耻，从未在别人面前唱过歌。但事实上我很喜欢唱歌，即使歌声不好听，我还是喜欢自己偷偷唱。
>
> 我开始哼摇篮曲给卡莉听，她吃了一惊，眼睛瞪着我，暂时停止了哭声。受到她的鼓励，我唱了下去，唱着唱着卡莉居然笑了起来，我唱得更起劲了，摆出明星演唱的架势，卡莉越来越兴奋。这样唱了五分钟，我的喉咙开始疼了，我停下来喘口气，结果卡莉又开始哭闹。
>
> 我赶紧搜肠刮肚，唱了一首星期天做礼拜时唱的圣歌，卡莉又止住哭泣对我笑。就这样，我整整唱了 45 分钟，我把脑海中的歌

全都搬了出来，直到卡莉睡着了。这晚对我和卡莉都是很好的经验，卡莉已经跟妈妈非常亲热了，现在她跟爸爸也很亲热。现在只要卡莉哭闹，别人无法使她安静时，我都能让她笑起来。每天他们都会叫我至少给卡莉唱一次歌，我也非常愿意放下手边的事为她演唱。

与宝宝同睡最主要的理由是给他们安全感，因为孩子睁开眼睛就能看到熟悉的面孔，得到父母的注意。孩子从小就知道他可以依靠父母，可以在珍爱中长大。

跟宝宝一起睡的缺点

“要睡到什么时候？”我们会想：“不跟孩子睡时，他会大哭大闹，这会把前面一起睡时的好处都磨灭了吗？”孩子会不会习惯了父母的注意力，一旦自己睡时便会因不习惯而吵闹？从理论上来说，这是有可能的，但是在出生头几个月里，父母和孩子建立了亲密的关系，孩子对自己永远不会被父母抛弃有信心，因此，进化过程应该不会容忍与婴儿共睡的消极结果长期存在。

2. 同步游戏

在孩子一岁时，我都跟他们玩同步游戏（synchrony games），现在我的长女阿曼达和长子戴维已经 32 岁和 27 岁了。这个游戏来源于习得性无助的研究。30 年前在我研究习得性无助时，我发现受到无法逃避的电击的动物会感到绝望，认为无论它们怎么做都没用，所以它们会变得被动和抑郁，甚至早夭。相反，受到同样强度电击的动物或人，只要可以通过自己的行为停止电击，它们就会表现得主动、斗志高昂，身体也很健康。关键在于你知道自己的行为是有效的，相反，如果行为与结果之间没有联系，那么人就会变得消极被动，健康状况也不会好。

同步游戏很简单，你会有很多机会可以跟宝宝一起玩。我们通常在吃饭时或汽车上玩。在卡莉吃完午饭后，我们等着她敲桌子（婴儿在饭后常会拿汤匙敲桌子或盘子），当她敲时我们也敲，她会抬头看我们。她敲三次我们也敲三次，她笑了起来，再用两只手敲，我们也用两只手敲，她笑得更开心了。短短一分钟内，大家都开怀大笑了。最重要的是，卡莉学习到自己的行为会影响到她爱的人的行为，她是举足轻重的。

玩具

我们买玩具的原则是根据同步游戏原则而定，当然还要看宝宝喜不喜欢。我们选择宝宝可以做动作的玩具，如拨浪鼓，它不仅能发出声音，更重要的是宝宝自己可以使它出声，现在已有很多这种互动型的玩具，宝宝可以从压、拉、戳或对它叫的过程中得到回应。

当宝宝的能力与玩具的挑战匹配时，这个玩具便会给他带来自我满足。下面有好几种很便宜的玩具，它们都可以提供同步游戏的快乐。

- **积木：**你把它堆起来，让宝宝把它推倒，让他看到自己行为带来的结果。等再长大一点后，宝宝便可以自己堆积木了。
- **书和杂志：**我以前认为撕书是大逆不道的行为，现在我每天都会收到一大堆印刷精美的广告单，不知该如何处理，后来就拿去给卡莉撕，这样她也可以马上看到自己行为的结果。
- **纸箱子：**不要丢弃装电脑或洗碗机的大纸箱，在纸箱上剪出窗扇和门，这就成了小宝宝绝佳的玩具了。

游戏就是带给人满足的行为，几乎所有的游戏都包括掌控感和忘我的愉悦，本书不会有一章专门来讲休闲和游戏，因为这是任何专家都使不上力的领域。当你的孩子慢慢长大时，不要催促他。如果他要跟你聊天，让他说，不要打断他，直到他说出自己想说的。无论什么年纪的孩子，当他们全神贯注地游戏时，不要闯进去说："时间到了，停止。"如果时间有限，请提前10分钟跟孩子说："还有10分钟就得停止了。"

同步游戏的坏处

你可能认为太早教宝宝太多同步动作会宠坏他，请看一下我在1996年写的反对拙劣的自信运动的文字。

> 孩子需要失败，他们需要感到悲伤、焦虑和愤怒。当我们冲动地保护孩子免于失败时，实际上我们剥夺了他学习的机会。当孩子遇到挫折时，如果我们替他打气，弱化打击，增加他的自信，用热情的赞美使他分心，而不去正视问题，我们只会使他更难达到掌控。如果我们剥夺他获得掌控的机会，反而会使他失去自信，这个效果跟我们蔑视他、侮辱他、嘲笑他和体罚他的结果是一样的。
>
> 所以我认为这种自信运动反而是造成目前大量年轻人自信心不足的原因。因为我们在孩子摔跤处先铺上垫子，在他难过时先替他找好借口，使他感受不到克服困难的喜悦。为了不让孩子感受失败，我们先剥夺了他自我超越的喜悦。我们一味地防止孩子悲伤和焦虑，反而使他们变成抑郁的高危群体。如果成功来得太容易，那么将来失败的代价就会更大。

真实世界不可能事事如你宝宝的意，当他从童年的保护罩走出来时，会为他自己所拥有的控制权如此稀少而感到震惊和难过。我们若能及早教他什么是失败及如何面对失败不是更好吗？即使你跟孩子玩了很多的同步游戏，但在他受保护的小小世界中仍会有很多挫折存在：电话响了，妈妈去接电话时，他尿湿了裤子；妈妈上街买菜，他肚子痛了却没人理……这些都是孩子无能为力的事情。同步游戏是个基础，在选择增加孩子的无助或增加他的同步性时，我选择宁可让他有更多的掌控和积极情绪。

我想不出同步游戏有什么其他的缺点，这个游戏随时随地都可以玩，它大大增加了孩子的积极情绪。

3. “是”和“不”

卡莉第一个会说的词是 aaabooo（意思是喂我），继“妈妈”和“爸爸”后，第四个会说的词是“好”。现在她已经 12 个月大了，还不会说“不”这个词。这让我们很惊讶，因为孩子通常先学会“不”“坏坏”“难吃”等否定词，而不是“是”“好”“好吃”等肯定词。一个可能的原因是，否定词在孩子的生活中很重要，因为它表示限制与危险。但是我认为“不”这个词也许被滥用了，大人用这个词来轻视小孩。大人常常将父母的不便与对孩子有危险混为一谈。例如在没有养孩子经验时，劳拉伸手去拿我的冰红茶，我会大叫“不行”，这只是对我不方便（怕她打翻），但并不会对她有危险，我只需要把冰红茶移到她够不到的地方就好了。所以现在我会提醒自己去找替代的言辞和方案。当卡莉要拔我的胸毛或去戳小乌龟时，我会说“轻点”或是“只能拍一拍”，而不再说“不行”。

为什么不能用“不行”？罗伯逊·戴维斯在加拿大一所女子学校的毕业典礼上致辞道：当你上台领毕业证书时，心中出现的字是“是”还是“否”？我过去 20 年的工作可以用这个问题来总结。我认为你心中有个字，这并不是多愁善感的虚构，我并不知道这个字从何而来，但我猜想它来自父母对我们说的话的点滴累积。如果你的孩子听到的都是愤怒的“不要、不行”，那么在进入一个新情境时，他会认为依然将听到“不”字。如果你的孩子从小听到的都是很多的“是”，就如同下面这首歌所唱的：

“是”是一个世界，在这个“是”的世界中，整个世界都在里面。

少用“不”的坏处

父母不用“不”最显著的坏处就是孩子会显得没有家教，他们行为没有规矩，不知道什么叫危险。我们用“不”来代表危险，以及不准碰的东西或不准做的事情。然而，当行为对父母只是造成中等程度的不便时，我们可以选用积极的替代字。

在大卖场里，小孩子常会吵着“我要、我要”，这是一个关于设定界限而不用连声说“不行、不可以”的很好的例子。当我们去玩具商场买一瓶吹泡泡的肥皂水时，孩子们看到了他们想要的东西，开始吵“我要、我要”了。我们说：“达里尔，你的生日还有两个月就要到了，等我们回家后，我会把电动玩具加入你的礼物清单。”这个方法很管用，它将冲动的要求转化成对未来的期望，这个优势我将在本章的下半部分谈到。

4. 称赞与惩罚

我们会有选择地称赞，我只同意“无条件的积极评价”的一半，那就是“积极的评价”。无条件的积极评价表示无论这个行为是好还是不好，都应给予关爱和注意。积极评价会使孩子有积极的情绪，让他敢去探索和掌控，这都是好的；但是无条件的积极评价却是不管孩子做什么都给予赞美。本来掌控是有条件的，是行为的结果，这点是不容忽视的。习得性无助不只在人们无法控制坏事情的发生时形成，当人们无法控制好事情的发生时，也会形成习得性无助。

当孩子无论做什么都能得到奖励时，会造成两个危险：第一，他会变得被动，因为他了解到自己无论做什么都会得到称赞；第二，他可能无法享受真正的成功和你真心的赞美所带来的喜悦。如果一直给他无条件的积极评价，他以后可能无法从自己的失败和成功中学习。

爱、关心、热情和温暖都可以无条件地给予，越多的积极氛围，孩子就越有安全感，越有安全感，他就越敢去探索和掌控。但称赞是另外一回事，你要在孩子成功时称赞他，而不只是为了使他心情好一点；而且你的称赞程度也要与他的成就相匹配。你要等他终于把小木头人插进小汽车之后再给予奖励，而且不要把他的成就当成很了不起的事。你要把它留着去称赞真正的最高成就，例如他第一次接到球。

惩罚会妨碍积极情绪，因为它很痛苦而且会激发恐惧。它同时也会阻止孩子去掌控和驾驭，因为孩子被吓呆了。但是惩罚不会像无条件的积极评价那样引起大问题。斯金纳认为惩罚无效是完全错误的看法，它其实非常有效，甚至是行为塑造中最有效的方法，有几百个不同的实验证明了这一点。但在执行惩罚上会出问题，很多孩子搞不清他为什么受到惩罚，而这个恐惧和痛苦会引申到惩罚者和当时的情境上去。当这种情形发生时，孩子变得很恐惧、很畏缩，他不但会躲避被惩罚的行为，也会回避惩罚他的父母。

孩子为什么很难了解被惩罚的原因呢？下面这个老鼠“安全信号”的实验可以解答这个问题。在这个实验中，电击出现前会先有一声巨响，这个声音出现后紧接着就是电击，所以老鼠学会了这个声音是危险的。更重要的是，老鼠学会了只要声音不出现就是安全的，老鼠就可以放松地做自己要做的事。危险的信号很重要，因为它代表了有个安全信号的存在，只要危险信号不出现，老鼠就是安全的。但是如果没有可靠的危险信号，老鼠也就没有了安全信号，这只老鼠便生活在水深火热之中，永远都不得安宁了。即使电击前的警告声音延长到一分钟也没有关系，老鼠只会在这一分钟中非常痛苦、紧张，但是一旦电击结束，它又恢复了平常的生活。

惩罚为什么没有用，是因为小孩分不清什么是安全信号。当你惩罚孩子时，你一定要非常明确地让他知道什么是危险的信号（也就是安全的信号）。你要确定让他知道哪个行为引起了现在的惩罚，而且不要进行人身攻击，指责他的品德，你惩罚的是他的某一个行为而不是人格。

> 妮基两岁半时，故意对劳拉扔雪球，劳拉左躲右闪，这让妮基更来劲了。“不要对劳拉扔雪球，妮基。”曼迪喊着，“你打疼她了。”但是另一个雪球马上又击中了劳拉。“如果你再扔一次，我就马上带你进屋。”曼迪说，又一个雪球击中了劳拉，曼迪立刻把妮基带回屋里，虽然她又踢又叫不肯进去。“我告诉过你，如果不停止扔雪球就要带你进来，你就是不肯停下来，所以现在必须进来。”曼迪温和地解释。妮基大声地哭着说：“我不扔了，我不扔了。”

当然如果有更好的替代方案，我们应避免使用惩罚。当孩子不停地哭闹时，父母常会使用惩罚。但是如果孩子超过 4 岁了，那就可以用更好的方法来代替惩罚，我叫它“微笑的脸”。

> 达里尔刚满 4 岁时，每天晚上睡觉前都要哭闹，因为他想再玩 10 分钟。有天早晨，曼迪跟他说，“达里尔，”她同时在纸上画了一张没有嘴的面孔：“你最近晚上睡觉前，摆出来的是哭脸还是笑脸？”达里尔画了一张哭脸。
>
> “你为什么上床睡觉时要摆哭脸？”
>
> “因为我不想睡，我还想玩。”
>
> “所以你就哭闹，对吗？”
>
> “对！”
>
> “哭闹达到你的目的了吗？当你哭闹时，妈妈让你多玩 10 分钟了吗？”
>
> “没有。”
>
> “你觉得什么样的面孔妈妈会让你多玩 10 分钟？”曼迪又画了一个没有嘴的面孔。
>
> “一个笑脸吗？”达里尔猜道，他画了一个笑脸。

“对了，试试看，通常会有效的。”后来达里尔上床就不哭闹了。

温暖欢快的气氛绝对是安全的信号，这些都会增加孩子的积极情绪及积极的人生观。

有选择的称赞与惩罚的坏处

主要坏处是不能满足父母希望孩子一直都很高兴的愿望。孩子有时会因为没有得到称赞或觉得称赞不够而失望，这是一个损失，但好处是你避免了他产生习得性无助（这是孩子被宠坏的最主要原因），而且使你的称赞在孩子心目中更有分量。有明确安全信号的惩罚的坏处也与有选择的称赞很相似，我们不喜欢让孩子难过，但是让孩子没有令人反感或危险行为的重要性远大于它的缺点。

5. 兄弟姐妹间的嫉妒

很多人都相信，较大的孩子会很自然地感受到弟妹的威胁，因此不喜欢他们，这其实是滥用了这个现象的解释。尤其当兄弟姐妹间年龄差距超过 8 岁时，仍然这样解释就太离谱了。这正体现了积极心理学与传统心理学的差异。传统心理学从消极的角度来看行为，认为所有不好的行为都具有普遍性，即使这是在战争、社会动乱、痛苦挣扎中所观察到的特例。事实上这些个体都是有问题的人，也就是说这类行为不是普遍的行为。传统心理学把兄弟姐妹间的竞争看成非赢即输的。如果弟弟得到更多的爱，那么哥哥得到的就少了。当兄弟姐妹在竞争父母的爱、关心和注意力时，它所引发的自然就是消极情绪，其中包括恨、不合理的嫉妒、失去父母关爱的悲伤以及被抛弃的恐惧，难怪弗洛伊德及他的后人们那么欣赏兄弟姐妹间的竞争，因为由此产生的观点完全符合他的理论。

但是很多人都没有注意到在一个充满爱和注意力的家庭里，兄弟姐妹间的竞争好像并不是个问题。很多大家庭好像并没有这种现象，有很多方式可以让较大的孩子获得受重视的感觉。

> 当曼迪从医院抱回宝宝时，我充满担忧地观察她会如何向大孩子们介绍新宝宝。她先将两岁半的劳拉放在床中间，旁边塞满了枕头。“伸出你的双手，劳拉！”她很有信心地把刚出生才36个小时的妮基放到了劳拉的膝上。当达里尔和卡莉出生时，曼迪也是用同样的仪式让大孩子们正式认识他们的弟妹的。这一招很管用，大孩子充满骄傲地抱着新宝宝，完全没有发生我们担心的事情。

曼迪进行这样的仪式，是因为每个孩子都希望自己很重要，可以被信任，而且很特殊，没有人可以取代他。当这些需求受到威胁时，就会发生兄弟姐妹间的竞争。在妮基出生后不久，我们看到这颗种子在劳拉的心中发芽。

> 妮基出生后的第一次扑克牌聚会时，我的牌友一个个“哦”“啊”地赞美新生的宝宝，劳拉坐在旁边，每一个人都忽略了她，她明显越来越不高兴。
>
> 第二天早上，当曼迪给妮基喂奶时，劳拉走了进来，让曼迪给她一张纸巾。“劳拉，你自己可以拿，妈妈在喂奶……”我不客气地说。劳拉大哭着跑了出去，那天下午曼迪在给妮基换尿布时，劳拉走进来说：“我恨妮基。”然后用力地打曼迪的腿。
>
> 即便不是心理学家也可以看出，劳拉嫉妒了。那天晚上，曼迪在给妮基换尿布时把劳拉叫了过来，“妮基真的很需要你来帮忙，我也需要。”曼迪这样告诉劳拉。很快曼迪和劳拉就组成了妮基的换尿布团队。当曼迪把湿尿布解开时，劳拉会去拿湿纸巾来给妹妹擦，然后再把湿尿布丢掉，拿一个干净的来，曼迪把新尿布换上

后，两个人再一起去洗手。一开始，这样做花的时间是曼迪一个人换的二倍，但是时间不花在孩子身上又该花在谁身上呢？

弗洛伊德学派的人会说，劳拉将把上述事情看成更大的侮辱——还要替她的仇敌干活，但是我们认为劳拉会觉得自己很重要，我们肯交付她这个重任，这会增加她的安全感，并认识到自己的特殊性。

7 年以后，劳拉在滑旱冰时摔断了手臂，现在换成妮基嫉妒了。妮基一直活在劳拉的阴影底下，因为劳拉的功课很好，网球也打得很好。妮基的优势是仁慈、心肠好，她教达里尔涂色和认字，所以曼迪利用妮基的这个优势来化解嫉妒。她让妮基做劳拉的私人护士，替她挤牙膏、系鞋带、梳头发。当我们去游泳时，妮基很高兴地护在劳拉身边，并在劳拉玩水时帮她把打了石膏的手抬高露出水面。

积极情绪会产生向外和向上的螺旋。当妮基接过“小护士”的重要任务后，不但她的心情变好了，而且这种自己能掌控、能做得很好的感觉向外扩展，带动她的功课也进步了很多，甚至在打网球时前所未有地打出了强有力的反手球。

当孩子们成长到童年中期时，他们各自的人格特质和优势已经开始显现，父母大可以利用这些特点来化解兄弟姐妹间的嫉妒和竞争。我们根据各个孩子的特点分配家务，有人可能认为做家务很无聊，但是维伦却发现这是预测一个人未来能否成功的一个很好的指标。在他对 1939—1944 年哈佛大学学生，以及对萨莫维尔市中心居民的两项长期追踪研究中，他都发现，童年时能帮忙做家务是长大后心理健康的一个预测指标，所以我们要求孩子做家务。

但应该如何分配家务呢？

妮基心肠好、有爱心，我们让她负责照顾宠物，给三只牧羊犬喂食和洗澡。她还要负责遛狗，外加清理乌龟笼子。劳拉是个完美主义者，而且很勤勉，所以我们让她负责铺床叠被，把家打扫干净。达里尔负责洗碗，他很幽默，而且喜欢玩闹，厨房成了他的游乐场。

每个孩子都有各自的家务范围，我们也让他们在这上面发展自己的优势，我们采用了维伦的建议，也未雨绸缪地防止了兄弟姐妹间产生嫉妒。

化解兄弟姐妹间竞争的坏处

兄弟姐妹间的竞争的确存在，而且在关爱和注意力不够的家庭里情况更严重。所有教养孩子的书籍都会让你给孩子足够的关爱和注意。事实上，注意力和关爱的确受到时间和孩子数量的限制。你可能很想增加关爱的时间，但你无法缩短上班的时间，无法将更多的时间花在孩子身上。不过这也是有补救方法的，我认为兄弟姐妹间竞争的中心问题是孩子害怕会失去父母的关爱，失去在父母心中的地位。父母大可利用新宝宝的降临来将大孩子升一级，给他们新的任务，增加他们的责任感，并以此让他们感到父母对他们的信任。

这种做法的危险是理论上的，比如大孩子会把责任的增加看成被占了便宜，而引起更多的不满。我们并没有看到这样的现象，但是它的确有可能发生，那是在增加的任务很繁重、很辛苦的时候。

6. 睡前活动

孩子上床后，在睡着之前的几分钟，可以说是一天中最宝贵的时间，父母通常会亲吻他们道晚安，或做些家庭特有的仪式。我们大约花 15 分钟做“睡前活动”，这些活动绝对比洗碗或看电视有意义。我们通常做的活动有两种：“最好的时光”和“梦乡”。

最好的时光

孩子可以在玩具城买到所有他想要的玩具，但他可能仍然不快乐。因为最终来说，真正和他快乐有关的是他小脑袋里有多少积极的东西，每天有多少好的想法，有多少坏的想法。如果你有很多积极的记忆、期待和信念，心情就不会长期处于消极状态。如果你的思想是消极的，也不可能长期保持积极的心情。那么，究竟应该要有多少积极的想法呢？

匹兹堡大学的心理学家格雷格·加拉摩尼（Greg Garamoni）和罗伯特·施瓦茨（Robert Schwartz）决定统计一下每个人拥有的积极的和消极的想法的比例。他们用很多不同的方法来计算思维活动，如记忆、幻想、解释等。他们发现抑郁的人积极想法和消极想法的比例是 1 ∶ 1，不抑郁的人则大约是 2 ∶ 1。这个统计结果看似简单，但非常有说服力。治疗师的观察结果也支持了这一数据：抑郁症患者在治愈后，这一比例从原来的 1 ∶ 1 上升到 2 ∶ 1，而未治愈的人仍然停留在 1 ∶ 1。

我们利用“最好的时光”来塑造孩子的积极心理比例，希望他们能内化到生活中。

熄灯了，曼迪和劳拉（5 岁）、妮基（3 岁）抱在一起。

曼迪：劳拉宝贝，今天你喜欢做什么事情？

劳拉：我喜欢做游戏，喜欢和莉亚和安德莉一起去公园玩。我喜欢在我的小屋里吃饼干。我喜欢去游泳，还喜欢跟爸爸一起跳水。我喜欢吃午饭，而且自己端盘子。

妮基：我喜欢吃巧克力和草莓。

劳拉：我喜欢跟达里尔一起玩他的车库。我喜欢把衣服脱光，只穿内裤。

妮基：我也是。

劳拉：我喜欢认字。我喜欢看人划船，也喜欢看人在人行道上滑旱冰。我喜欢跟爸爸去看电影。

曼迪：还有吗？

劳拉：我喜欢在晚餐时和达里尔玩躲猫猫。我喜欢跟妮基在浴缸里扮美人鱼玩儿。我喜欢跟爸爸玩不可思议的机器。我也喜欢跟狗狗玩。

妮基：我也是，我也喜欢狗狗。

曼迪：今天有没有不好的事情发生呢？

劳拉：达里尔咬我的背。

曼迪：是呀，很疼吧？

劳拉：很疼很疼。

曼迪：他只是个小宝宝，我们必须教他不能咬人，我们明早开始教他好吗？

劳拉：好。莉亚的兔子死了，我很伤心。我也不喜欢妮基讲的故事，她说我们的狗吃了兔子。

曼迪：是的，那很恶心。

劳拉：非常恶心。

曼迪：我也不喜欢妮基的故事，但是她还太小，不太会编故事。兔子死了是让人很难过，但它已经很老了，而且生了病，或许莉亚的爸爸会再买一只新的兔子给他们。

劳拉：或许。

曼迪：听起来你今天过得很不错。

劳拉：一共有多少好事情，妈妈？

曼迪：我想大概有 15 件。

劳拉：有多少坏事？

曼迪：两件吧？

劳拉：啊！一天有 15 件好事！我们明天要做什么？

当孩子长大一点，我们会把对明天的期待加入今天的回顾中。我们会试着让孩子对明天有期待，但是孩子太小（两三岁）时还不行，他们会为明天的事太兴奋而睡不着觉，到 5 岁以后就可以了。这会培养他们展望未来的优势，下面我还会再讨论。

梦乡

孩子在进入梦乡的最后一个想法如果充满了情绪和视觉景象，这些想法就会变成他梦的元素。现在已有很多文献在探讨梦和情绪。梦跟抑郁症有很大关系，抑郁的大人和小孩做的梦充满了失败、失落、拒绝和排斥。我用“梦乡”这个游戏来建立积极心理生活的根基，当然更不用说这个游戏能使孩子一觉甜梦到天明了。

一开始，我请孩子讲一个他们脑海中最幸福的景象，这个很容易，尤其在刚刚玩完“最好的时光”之后。我要他们描述这个景象，让他们把注意集中到这个景象上，并给它起一个名字。

> 达里尔想象他在跟卡莉玩一个游戏，他从远处跑来，然后让卡莉用她的头撞他的肚子。他倒下来，卡莉高兴地大笑，她把这个游戏叫作“头”。
>
> “当你进入梦乡时，”我用催眠的语调跟孩子们说：“我要你做三件事：第一，把这个景象留在你的脑海中。第二，在你入睡时一遍一遍地复诵这个游戏的名字。第三，想办法去做一个这样的梦。”

我发现这个方法增加了孩子们做相关的幸福梦的机会。此外，我还把这个方法用于团体治疗中，并发现它也能增加成人做相关的梦的可能性。

睡前活动的坏处

睡前活动的唯一坏处是，你花了本来可以做自己事情的 15 分钟，不过我相信你找不到其他比这更有价值的事了。

7. 与孩子达成交易

我发现只有一个方法可以强化积极心理：把皱眉改成微笑。所有的孩子都经历过“我要”及“给我”的阶段，但是这些要求都是在皱眉或吵闹时出现的。我们很清楚地告诉孩子“皱眉”加上“我要”只有一个结果，就是“不行”。但如果是一个愉快的微笑，结果就很可能是肯定的。

但在实际操作时，人们常觉得正强化没有用，因为它需要很长的时间，以及很大的耐心与技巧。当我听到一岁的劳拉叫我爸爸时，我马上用满头满脸的亲吻回报她，她显得很高兴又很疑惑，继续去做她的事，并没有再叫“爸爸”。虽然如此，父母们还是相信斯金纳是对的，他们认为用正强化去塑造想要的行为是教养孩子的正确方法。

曼迪虽然有心理学学位，但是她不相信这一套。“事实上，是孩子们不吃这一套，他们不会重复一个过去使他得到奖赏的行为，”她坚持说：“即使是两岁的孩子也会期待未来，他们做自己认为未来会使他们得到想要的东西的行为。”

每个父母都知道，有时候四五岁的孩子会有越来越糟的行为，而父母们却无法让这个坏趋势停下来。

> 对妮基来说，这个坏趋势就是躲起来，她的这种行为已经持续了一个星期。每天有好几次，她会在我们偌大的老房子里找些旮旯，躲在里面不出来。曼迪要照顾其他小宝宝，所以只能大声地叫：“我们要去接爸爸了。”妮基不动声色。曼迪只好把婴儿交给劳

> 拉，自己跑上跑下、屋里屋外地找妮基。最后找到时，曼迪会很生气地责骂她，这个问题一天比一天严重。我们试过各种方法：注意或不注意妮基，责骂她，把她关在自己的房间里，揍她的小屁股，对她解释这种行为有多危险，让父母多担忧等，然而这一切都没有用。斯金纳所有的技术我们都用上了，可最后都失败了。妮基躲起来的问题一天比一天严重，她也知道这样做是不对的，但还是照旧。
>
> "我完全没有办法了！"曼迪告诉我。在某天早上，她冷静地对妮基说："你愿意谈判吗？"有半年的时间，妮基一直在要求给她买芭比娃娃，这种芭比很昂贵，是她生日礼物清单上的第一个，虽然还有 5 个月她才过生日。
>
> "我们今天可以去给你买芭比娃娃，但是你必须答应两件事：第一，不准再躲起来。第二，我一叫你，你就得立刻过来。"曼迪说。
>
> "哇，好极了，当然。"妮基立刻答应。
>
> "但是还有一个条件，"曼迪继续说："如果有一次，只要一次，我叫你时，你没有立刻过来，芭比就会被没收一个星期。如果发生第二次，你就永远没有芭比了。"

妮基从此没有再躲起来过。我们把这个方法用到达里尔身上也非常有效。我们后来还用了几次，不过都是在打骂奖惩全都无效以后才用的。"让我们来谈判"的方法通过注入一个积极的惊喜来打破坏习惯，然后用威胁拿走奖品的方式，来维持好的行为。给予这个惊喜的时间很重要，如果你说一星期不躲起来再买，那么这个方法就不管用了。只有立刻去买，让孩子马上就能拿到，才能打破原来的坏习惯。

跟一个四岁的孩子谈判隐含着几项假设：父母可以跟这么小的孩子订立契约。奖品可以在好行为出现之前出现，这同样能强化该行为，而不是像斯金纳所说，要先有行为再给奖品。这么小的孩子也会明白，如果他不乖，不但破坏了自己的承诺，而且会失去新得到的奖品。简单来说就是，孩子是可以预期到未来的。

达成交易的坏处

这个技巧很难拿捏，你不能滥用，不然孩子会发现这是得到礼物最好的方法。我们只有在所有方法都失败后才用它，而且每个孩子不超过两次。谈判的行为不能是日常生活的小事，如吃饭、睡觉、清扫，而且家长要说到做到。如果妮基没有遵守她的诺言，芭比娃娃就会被捐到福利院去。

8. 新年计划

每年我们都会跟孩子在除夕夜拟定未来一年要做的事，年中还会检查执行的效果，一般有一半计划能实现。开始研究积极心理学时，我注意到我们的新年计划偏向于改正缺点，或计划在新的一年中不要做的事：我不去戳弟弟妹妹；妈妈说话时要仔细听；每杯咖啡只放四匙糖；我不哭闹等。

这样实在很无趣。每天早上醒来想一遍你不应该做的事——不准吃甜食、不准调情、不准赌博、不准喝酒、不准发送无聊的电子邮件，这不是积极的起床法。新年计划都是在改正错误、弥补不足，这同样不是开启新的一年的正确态度。所以我们决定用积极的态度写下今年的计划。

达里尔：我要自学弹钢琴。

曼迪：我要学会弦乐理论，并把它教给孩子们。

妮基：我要努力练习，赢得芭蕾舞奖。

劳拉：我要写一篇稿投到《石头汤》（*Stone Soup*）去。

爸爸：我要写一本积极心理学的书，而且要让写作过程成为一生中最幸福的时光。

年幼孩子的优势与美德

本章的前半部在讨论如何提升孩子的积极情绪，积极情绪使孩子敢去探索，并使他获得掌控感，这种掌控能力不但会增加积极情绪，而且会使他发现自己的优势。在 7 岁以前，这种积极教养孩子的方式主要在于增加他的积极情绪，到 7 岁后你就可以看到他的优势显现出来了。为了帮助你找出孩子的优势，凯瑟琳·达斯嘉制作了一份测量年轻人优势的量表，这跟你在第 9 章所做的测验的意义是相同的。

你最好在网上做这个测验，因为你可以马上得到详细的反馈，请带着你的孩子一起登录 www.authentichappiness.org，找到年轻人优势测验。请你的孩子自行填好这个问卷，然后你再帮他统计结果。

如果你无法上网，也可以利用下文的问卷测出孩子的优势。如果孩子不到 10 岁，你可以把题目念给他听，10 岁以上就可以让他自己做了。这个测验包含最能体现每一种优势的特征的两个问题，结果会将孩子的优势进行排序。

孩子的优势调查表

1. 好奇心

A“即使一个人独处，我也不会觉得无聊”这句话：

5 非常符合我　　4 符合我

3 既没有符合也没有不符合　　2 不符合我

1 非常不符合我

B“如果我想获取知识和信息，我会查书或上网，我比同年龄孩子更会这样做”这句话：

5 非常符合我　　4 符合我
3 既没有符合也没有不符合　　2 不符合我
1 非常不符合我

请把上面两项的分数加起来写在这里______，这就是你的好奇心分数。

2. 热爱学习

A“当我学新东西时，我会很兴奋”这句话：

5 非常符合我　　4 符合我
3 既没有符合也没有不符合　　2 不符合我
1 非常不符合我

B“我很讨厌去博物馆”这句话：

1 非常符合我　　2 符合我
3 既没有符合也没有不符合　　4 不符合我
5 非常不符合我

请把上面两项的分数加起来写在这里______，这就是你热爱学习的分数。

3. 判断力

A“当与朋友玩游戏发生争执时，我都能找出问题的原因”这句话：

5 非常符合我　　4 符合我
3 既没有符合也没有不符合　　2 不符合我
1 非常不符合我

B“父母总说我做不了正确的判断”这句话：

1 非常符合我　　2 符合我

3 既没有符合也没有不符合　　4 不符合我

5 非常不符合我

请把上面两项的分数加起来写在这里______，这就是你的判断力分数。

4. 创造性

A“我常常想出新的有趣的点子”这句话：

5 非常符合我　　4 符合我

3 既没有符合也没有不符合　　2 不符合我

1 非常不符合我

B“我比同龄的其他孩子更有想象力”这句话：

5 非常符合我　　4 符合我

3 既没有符合也没有不符合　　2 不符合我

1 非常不符合我

请把上面两项的分数加起来写在这里______，这就是你的创造性分数。

5. 社会智慧

A“不管我跟什么样的孩子在一起，我都能立刻融入这个团体”这句话：

5 非常符合我　　4 符合我

3 既没有符合也没有不符合　　2 不符合我

1 非常不符合我

B“当我觉得快乐、悲伤或愤怒时，我知道自己为什么会这样”这句话：

5 非常符合我　　4 符合我

3 既没有符合也没有不符合　　2 不符合我

1 非常不符合我

请把上面两项的分数加起来写在这里______，这就是你社会智慧的分数。

6. 洞察力

A“大人常说我比我的实际年龄成熟”这句话：

5 非常符合我　　4 符合我
3 既没有符合也没有不符合　　2 不符合我
1 非常不符合我

B“我知道哪些事对生活很重要”这句话：

5 非常符合我　　4 符合我
3 既没有符合也没有不符合　　2 不符合我
1 非常不符合我

请把上面两项的分数加起来写在这里______，这就是你的洞察力分数。

7. 勇敢

A“即使我很害怕，我仍会坚持下去”这句话：

5 非常符合我　　4 符合我
3 既没有符合也没有不符合　　2 不符合我
1 非常不符合我

B“即使被人取笑，我仍会做我认为对的事”这句话：

5 非常符合我　　4 符合我
3 既没有符合也没有不符合　　2 不符合我
1 非常不符合我

请把上面两项的分数加起来写在这里______，这就是你的勇敢分数。

8. 毅力

A“我的父母总是赞美我做事有始有终”这句话：

5 非常符合我　　4 符合我
3 既没有符合也没有不符合　　2 不符合我
1 非常不符合我

B“因为我很努力去争取，所以我能得到想要的东西”这句话：

5 非常符合我　　4 符合我
3 既没有符合也没有不符合　　2 不符合我
1 非常不符合我

请把上面两项的分数加起来写在这里______，这就是你的毅力分数。

9. 正直

A“我从来不偷看别人的信件或日记”这句话：

5 非常符合我　　4 符合我
3 既没有符合也没有不符合　　2 不符合我
1 非常不符合我

B“我会用说谎以求脱身”这句话：

1 非常符合我　　2 符合我
3 既没有符合也没有不符合　　4 不符合我
5 非常不符合我

请把上面两项的分数加起来写在这里______，这就是你的正直分数。

10. 仁慈

A“我特意去向学校中新来的孩子问好”这句话：

5 非常符合我　　4 符合我

3 既没有符合也没有不符合　　2 不符合我

1 非常不符合我

B“不用邻居或父母开口，我也会主动帮助他们”这句话：

5 非常符合我　　4 符合我

3 既没有符合也没有不符合　　2 不符合我

1 非常不符合我

请把上面两项的分数加起来写在这里_____，这就是你的仁慈分数。

11. 爱

A“我知道自己是别人生命中最重要的人”这句话：

5 非常符合我　　4 符合我

3 既没有符合也没有不符合　　2 不符合我

1 非常不符合我

B“虽然我会与兄弟姐妹、同学或朋友争吵，但我仍很关心他们”这句话：

5 非常符合我　　4 符合我

3 既没有符合也没有不符合　　2 不符合我

1 非常不符合我

请把上面两项的分数加起来写在这里_____，这就是你的爱的分数。

12. 公民精神

A“我很愿意属于某一个俱乐部或学校的某个社团”这句话：

5 非常符合我　　4 符合我
3 既没有符合也没有不符合　　2 不符合我
1 非常不符合我

B“在学校里，我能与团体合作得很好”这句话：

5 非常符合我　　4 符合我
3 既没有符合也没有不符合　　2 不符合我
1 非常不符合我

请把上面两项的分数加起来写在这里______，这就是你的公民精神分数。

13. 公平

A“即使我不喜欢某个人，我还是会很公平地对待他”这句话：

5 非常符合我　　4 符合我
3 既没有符合也没有不符合　　2 不符合我
1 非常不符合我

B“当我做错了事，我都会承认”这句话：

5 非常符合我　　4 符合我
3 既没有符合也没有不符合　　2 不符合我
1 非常不符合我

请把上面两项的分数加起来写在这里______，这就是你的公平分数。

14. 领导力

A“当我与别的孩子玩游戏时，他们都让我当头儿”这句话：

5 非常符合我　　4 符合我
3 既没有符合也没有不符合　　2 不符合我
1 非常不符合我

B“作为头儿，我赢得了朋友或队友的信赖与尊敬”这句话：

5 非常符合我　　4 符合我
3 既没有符合也没有不符合　　2 不符合我
1 非常不符合我

请把上面两项的分数加起来写在这里______，这就是你的领导力分数。

15. 自我控制

A“如果必要，我随时都可以停下来，不玩电子游戏或不看电视”这句话：

5 非常符合我　　4 符合我
3 既没有符合也没有不符合　　2 不符合我
1 非常不符合我

B“我总是迟到，或迟交作业”这句话：

1 非常符合我　　2 符合我
3 既没有符合也没有不符合　　4 不符合我
5 非常不符合我

请把上面两项的分数加起来写在这里______，这就是你的自我控制分数。

16. 谨慎

A“我尽量不接触会带给我麻烦的环境或朋友”这句话：

5 非常符合我　　4 符合我
3 既没有符合也没有不符合　　2 不符合我
1 非常不符合我

B“大人常说我的所作所为都很恰当得体”这句话：

5 非常符合我　　4 符合我
3 既没有符合也没有不符合　　2 不符合我
1 非常不符合我

请把上面两项的分数加起来写在这里______，这就是你的谨慎分数。

17. 谦虚

A“相对于谈论我自己，我更喜欢听别的孩子谈论他们的事”这句话：

5 非常符合我　　4 符合我
3 既没有符合也没有不符合　　2 不符合我
1 非常不符合我

B“别人认为我是一个爱炫耀的孩子”这句话：

1 非常符合我　　2 符合我
3 既没有符合也没有不符合　　4 不符合我
5 非常不符合我

请把上面两项的分数加起来写在这里______，这就是你谦虚的分数。

18. 美感

A“我比同龄的孩子更喜欢听音乐、看电影或跳舞”这句话：

5 非常符合我　　4 符合我
3 既没有符合也没有不符合　　2 不符合我
1 非常不符合我

B“我喜欢看树在秋天变换颜色”这句话：

5 非常符合我　　4 符合我
3 既没有符合也没有不符合　　2 不符合我
1 非常不符合我

请把上面两项的分数加起来写在这里______，这就是你美感的分数。

19. 感恩

A“我发现生活中有许多我应该感恩的地方”这句话：

5 非常符合我　　4 符合我
3 既没有符合也没有不符合　　2 不符合我
1 非常不符合我

B“当别人帮助我时，我常忘了跟他们说谢谢”这句话：

1 非常符合我　　2 符合我
3 既没有符合也没有不符合　　4 不符合我
5 非常不符合我

请把上面两项的分数加起来写在这里______，这就是你感恩的分数。

20. 希望

A"当我考得不好时，我会想下一次会考好"这句话：

5 非常符合我　　4 符合我

3 既没有符合也没有不符合　　2 不符合我

1 非常不符合我

B"我想我会成为一个非常幸福的人"这句话：

5 非常符合我　　4 符合我

3 既没有符合也没有不符合　　2 不符合我

1 非常不符合我

请把上面两项的分数加起来写在这里______，这就是你的希望分数。

21. 灵性

A"我认为每个人都是特殊的，都有重要的生命意义"这句话：

5 非常符合我　　4 符合我

3 既没有符合也没有不符合　　2 不符合我

1 非常不符合我

B"当我遇到挫折时，我的宗教信仰常帮我渡过难关"这句话：

5 非常符合我　　4 符合我

3 既没有符合也没有不符合　　2 不符合我

1 非常不符合我

请把上面两项的分数加起来写在这里______，这就是你灵性的分数。

22. 宽恕

A“别人伤害了我，我并不会报复他”这句话：

5 非常符合我　　4 符合我

3 既没有符合也没有不符合　　2 不符合我

1 非常不符合我

B“我常原谅别人的过错”这句话：

5 非常符合我　　4 符合我

3 既没有符合也没有不符合　　2 不符合我

1 非常不符合我

请把上面两项的分数加起来写在这里______，这就是你宽恕的分数。

23. 幽默

A“大多数孩子会说，跟我在一起很有趣”这句话：

5 非常符合我　　4 符合我

3 既没有符合也没有不符合　　2 不符合我

1 非常不符合我

B“当我的朋友心情不好时，我会说些笑话或做些好笑的事让他心情好起来”这句话：

5 非常符合我　　4 符合我

3 既没有符合也没有不符合　　2 不符合我

1 非常不符合我

请把上面两项的分数加起来写在这里______，这就是你幽默的分数。

24. 热忱

A“我热爱生命”这句话：

5 非常符合我　　4 符合我

3 既没有符合也没有不符合　　2 不符合我

1 非常不符合我

B“我每天早晨醒来时，都迫不及待开始新的一天”这句话：

5 非常符合我　　4 符合我

3 既没有符合也没有不符合　　2 不符合我

1 非常不符合我

请把上面两项的分数加起来写在这里______，这就是你的热忱分数。

如果你在网上做测试，你应该已经得到了孩子的分数、分数的解释以及它和常模的关系。如果你是在书上做测验，你也会得出孩子 24 项优势的分数，请将分数填入下面的表格，并由高到低排序。

表 12-1　透视孩子的优势

□ **智慧与知识**

1. 好奇心______　2. 热爱学习______　3. 判断力______
4. 创造性______　5. 社会智慧______　6. 洞察力______

□ **勇气**

7. 勇敢______　8. 毅力______　9. 正直______

□ **仁爱**

10. 仁慈______　11. 爱______

□ **正义**

12. 公民精神______　13. 公平______　14. 领导力______

□ **节制**

15. 自我控制______　16. 谨慎______　17. 谦虚______

□ **精神卓越**

18. 美感______ 19. 感恩______ 20. 希望______
21. 灵性______ 22. 宽恕______ 23. 幽默______
24. 热忱______

一般来说，你的孩子大概会有 5 项左右得到 9 或 10 分，这些就是他的优势。你的孩子也会有几个项目的分数是 4 ～ 6 的低分，这些就是他的弱点。

发展孩子的优势

发展优势就像发展语言一样，每个正常的孩子都有能力学会世界上的每一种语言。但是很快地婴儿就只学习他周边人常使用的语言了。等到 12 个月大时，婴儿发出的音就很明显地类似于他的母语了，其他语言的特殊发音开始逐渐消失。

我现在虽然没有证据可以说新生婴儿拥有上述的 24 种优势，就如他们天生有能力去学世界上所有的语言一样，但是孩子的优势在出生后的头 6 年里，会逐渐固定到他所擅长的方面。当小孩发现自己在做某些事时，会受到称赞、关爱和注意，他们就会刻意多做这方面的事。塑造孩子个性的过程是他的优势、兴趣和天赋的交互作用，当发现在自己的小小世界中什么是有效的、什么是行不通的时，孩子就会特别去发展他的优势而放弃不擅长的部分。

曼迪和我依照上述假设去奖励孩子们的优势，不久以后，我们就发现每个孩子都展现出他们的优势了。

例如劳拉，她一直很在意社会公正，当我们第一次看到她主动与妮基分享积木时，我们还觉得很惊讶。有次在吃晚饭时，我对曼迪谈到自己正在看安乐尼·卢卡斯（Anthony Lukas）的《大麻烦》（*The Big Trouble*），内容讲的是 19 世纪初工会跟爱达荷州前州长抗争的故事。我发现劳拉全神贯注地听着，她对社会主义的议题很感兴趣，只要是跟共产主义、资本主义、垄断及《反托拉斯法案》有关的议题，7 岁的劳拉都会兴致勃勃。

妮基一直都很有爱心和耐心，前面说过，她教会小达里尔涂色和认字。达里尔是个很勤勉、很有毅力的孩子，当他对某件事感兴趣时，没有任何东西能阻挡他。

所以我对如何发展孩子优势的第一个建议是：**任何优势一出现就应给孩子奖励。**慢慢地，你会发现孩子开始偏向于只做那几样他最拿手的事，这就是他优势发展的开始。刚才给孩子做的测验可以帮你找出孩子的优势，并且帮助他们精益求精。

我的第二个也是最后一个建议是：**当这个优势出现时，你要明确地把它说出来，并给予奖励。**

上个星期，劳拉承受了一个很大的打击。她学长笛和竖笛已经 5 年了，程度已经够考级了，所以我们给她换了新老师。但这位新老师告诉劳拉，她过去学的都是错的，重新教她该怎么站、怎么呼吸、怎么按手指头。劳拉强忍住她的震惊与失望，花了两倍的时间来重新学习新老师的方法，我们把它叫作劳拉的毅力。

妮基教小卡莉音乐，她在房间摆好了洋娃娃和小婴儿的乐器，播放幼儿园儿歌，随歌起舞，教卡莉如何按节奏打拍子，我们把它叫作妮基的耐心与爱心。

在家教育孩子的好处是可以根据孩子的优势来设计课程。我必须声明，我并不是说学校有什么不好，我跟许多学校都密切地合作过，而且非常敬佩他们的老师们。我们在家教学的主要原因是：一、我们经常旅行，所以可以将孩子的教育融入旅行之中；二、我和曼迪都是很尽责的老师；三、我们不希望将看着孩子成长的快乐交予他人。所以，下面我将介绍一门我们根据孩子们的优势而设计的课程。

曼迪决定今年教地质学，因为我们的孩子都喜欢石头，地质学是化学、古生物学及经济学的最佳入门课。在教学中，每个孩子都依各自的优势去研究一种矿物：妮基负责研究宝石，因为她喜欢漂亮的东西，而且拥有社会智慧，她的课题是“矿石如何变成珠宝，以增添社交场合的美丽”。劳拉研究石油垄断，包括洛克菲勒家族的慈善事业，因为她注重公平。达里尔已经开始收集石头了，他常常跟我们的水电工人史蒂夫（他也是业余的矿物学家）去采集标本，收集到了很多的标本，他的毅力和勤勉因这些采集活动而发扬光大。

有一天，在长时间的标本收集之后，史蒂夫觉得累了，叫达里尔上车准备回家，而达里尔却在工地的一堆石头上面汗流浃背脏兮兮地回答说：“矿物学家是不休息的。”

塞利格曼的解答

Authentic Happiness

1. 培养孩子积极情绪和幸福感的方法有：在孩子比较小的时候，和孩子一起睡觉。和小宝宝玩能带给他即时回应的游戏或玩具。尽量不对孩子说："不行，不要这样……"不要无条件地称赞孩子。惩罚并不像想象的那么糟糕，但要注意惩罚的技巧。利用每个孩子的优势去化解兄弟姐妹间的嫉妒。在每天晚上睡觉前，和孩子分享一天中的美好往事，帮孩子克服坏事引起的消极情绪。让孩子带着最快乐的想法入睡。当打骂奖惩都无效时，可以试着和孩子做交易，但这个方法不能滥用，而且父母要言出必行。制定积极的新年计划，不要总计划着改正错误、弥补不足。

2. 当孩子完成本章的优势调查表后，他的优势就一目了然了。当孩子展现出他们的优势时，一定要及时奖励，并明确地告诉孩子，他具有这种优势。

后　记

终极幸福的真谛

你曾在第 1 章做过一个暂时性幸福的测验，现在你已经读完这本书了，也读到了我的一些建议，做了一些练习。现在请你翻到 39 页，再做一次福代斯幸福测试。让我们来看看你现在的幸福程度与你第一次做的时候有什么不同。我认为有许多不同的途径可以达到真实的幸福，每个人达到真实的幸福的方式都非常不同。

“自从以大一新生的身份在普林斯顿的常春藤俱乐部吃晚饭以来，我还没有觉得这么尴尬、手足无措过。”我对岳父耳语道。过去我唯一的游艇俱乐部经验是在迪士尼乐园，但是现在，孩子们、曼迪和我以及岳父母却在真正的游艇俱乐部用餐。窗户外面的船也不是大号的划桨船，而是可以真正驶入海洋的大船。

约翰・坦普尔顿爵士（Sir John Templeton）邀请我到他的俱乐部用餐，我带了曼迪和孩子们，曼迪又邀请了她的父母。这是一个私人俱乐部，占据巴哈马群岛上新普罗维顿斯的整个西北角，拥有近两公里长的细白沙滩，穿着制服的侍者说着加勒比口音的英语。像皇宫一样的别墅里住着电影明星、欧洲皇室和亿万富翁，因为每个人都喜欢巴哈马宽松的税制政策。在这个非常不适宜的环境下，我开始寻找生命的意义。

当时有 10 位科学家、哲学家和神学家聚在一起开会，讨论进化是否有目的和方向。几年前，我会认为这个问题不值一谈，是基督教教义对达尔文理论的反击，但是自从《非零年代》（*NonZero*）一书出版后，它在科学上的原创性和证据使我不得不从它出发，去考虑我追求生命意义和目的的方法。

我来到这个俱乐部的目的之一就是想认识《非零年代》的作者鲍勃·赖特（Bob Wright），他书中的想法与我不谋而合，积极情绪、积极人格、积极机构如果没有更深远的意义，那它们只会在时下流行的励志潮流中随波逐流而已。积极心理学必须向下在积极生物学中找到依附点，向上到积极哲学、甚至积极神学中找到理论依据。我希望听赖特对“非零”做更深入的阐述，我也希望能表达我对如何在生活中找到意义和目的的方法。另一个理由则是到这个度假伊甸园拜访邀请我们的主人——坦普尔顿爵士。

☆☆☆☆☆☆

第二天早上，我们在一间明亮的会议室里开会，巨大的乌梨木桌一端坐的是坦普尔顿爵士。多年前，他将自己在坦普尔顿基金会（Templeton Fund）的股份卖掉，开始从事慈善事业，他的基金会每年提供几百万美元支持跨宗教和跨科学的研究。穿着墨绿色西装的爵士是位神采奕奕的 87 岁老人，他毕业于耶鲁大学，是罗兹奖学金（Rhodes scholar）得主，他阅读广泛，也是许多书的作者。他个子不高，皮肤被晒成棕色，眼睛闪烁着愉悦之光，他用下面的问题做开场：

> 人类的生活可不可能有崇高的目的？我们能有比自己创造的生活意义更深远的意义吗？物竞天择使我们不得不走上现在这条路吗？科学是否可以告诉我们，生活有没有神圣的目的？

虽然他过去向来很宽容、很支援学术界，但你仍可以感受到会场的紧张气氛，甚至可以说是恐惧，因为学术研究是非常仰赖私人基金会的捐款的。当捐款者威严地坐在那里时，学者们会担心他们说漏了嘴而导致赞助者不快，以致多年来辛苦经营的关系被破坏。会场中几乎每个人都曾经得到过坦普尔顿爵士的资助，每个人也都希望他能继续赞助自己的研究。

D. S. 威尔森（David Sloan Wilson），这位杰出的进化生物学家一开始就先勇敢地承认他是无神论者，他希望这个会议是个有包容性的会议。“我不认为进化是有目的的，尤其没有神圣的目的。”希斯赞特米哈伊以 007 的口气靠过来对我耳语：“你不应该这样说，4 号情报员，今晚你将与鱼虾共眠。”

我禁不住笑出声来，我猜想他与威尔森并不真正了解坦普尔顿爵士，我与他的基金会有过很长时间的密切往来。两年前他们突然找上我，要我去主持一个为期两天、以希望和乐观为主题的研讨会，这个研讨会的目的是向我致敬。曼迪和我上网浏览了这个基金会的历史，发现他们赞助了很多宗教方面的研究。

曼迪提醒我，APA 的主席代表着 16 万名会员，许多人会想着与 APA 主席挂上钩，用他的名字和职位来为他们的产品或活动做广告。所以我邀请这个基金会的总裁到我家来，对他表示虽然我觉得很荣幸，但还是得拒绝。我告诉他积极心理学和我都是不出租的，但无论怎么表达，我的这席话都让人觉得很骄傲、很自以为是。

他的反应让我放心了，而且他的承诺在我们后来的交往中也都得到了验证。来拜访我的是基金会的总裁亚瑟·施瓦茨（Arthur Schwartz）。他指出，积极心理学所要做的事与坦普尔顿爵士所要做的事很相似，但并不完全相同。这个基金会注重宗教和心灵层面，但也很注重科学。我的方法是入世的、科学的，这个基金会可以通过帮助我去帮助社会科学走向研究什么是积极人格和积极价值。他向我保证这个基金会只会在两者的共同点上与我合作，不会将我吸收进去。

所以在尽力忍住笑的同时，我认为我知道坦普尔顿爵士想要什么，它们跟威尔森和希斯赞特米哈伊所想的都不一样。从 20 世纪 80 年代起，坦普尔顿爵士就一直在从事一项非常个人的追求。他完全不受基督教教条的束缚，事实上，他非常不满意从这些教条衍生出来的教义。他认为这些教义没有跟上科学的进步，也无法适应实证科学所带来的真实世界的剧烈变化。

坦普尔顿爵士的很多形而上学的观点与威尔森、希斯赞特米哈伊和我的一样。他刚过 87 岁生日，想知道还有些什么在等着他，而他想知道这些并不仅是因为个人原因，也是为了人类更好的未来。爵士很有钱，所以不必独自思考这个问题，他可以请一群杰出的智囊帮他一起思考。他不想听陈词滥调，他最想知道的是我们对那些永恒的问题——我们从哪里来，我们要往何处去的最深层、最肺腑的思考。很奇怪的是，我头一次认为自己对这个问题有了创造性的见解，而我所要说的内容则是受了赖特的启发。如果我说的是有道理的，那么它会为积极心理学提供一个最重的支点，使它有所根据和依附。

☆☆☆☆☆☆

赖特站到讲台上，他在这个学术高峰会议上是个奇怪的角色。他瘦长憔悴，看起来比他的实际年龄大，但没人敢轻视他的存在。当他说话时，嘴唇噘起来，好像在吸柠檬；当他回答一个他不喜欢的问题时，就好像吸的是一个酸柠檬。他的声音很柔和，有一点单调。不过奇怪的是他的学历而不是他的外表或声音，他是会场中唯一一个不属于学术界的人士（当然主人除外），他是一位新闻记者，而这个行业向来被学者们鄙视。

赖特是《新共和》（*New Republic*）的专栏作家，过去 100 年来，把持该位置的都是非常有政治天才的人。20 世纪 90 年代初期他出版了一本《性·进化·达尔文》（*The Moral Animal*），认为人类的道德是有进化基础的，人的道德既不是随意的，也不是社会化的产物。在这本书出版前的 10 年，他刚从普林斯顿大学毕业时，曾经在《大西洋》（*Atlantic*）杂志上发表了一篇谈论印欧语系的起源的文章，这是现行西方语言的始祖。

你可能会认为政治、进化、生物、语言和心理学什么都写的人，应该是个一知半解的业余者，但是在我跟他见面之前，我的院长萨姆·普雷斯顿（Sam Preston）告诉我，他认为《性·进化·达尔文》是他读过的最重要的一本科学书。麻省理工学院的语言心理学家史蒂芬·平克也告诉我，赖特的那篇印欧语系的文章非常重要，承前启后。赖特是少数今日尚存的业余科学家。

非常凑巧的是，赖特这本《非零年代》刚刚出版，而且《纽约时报》的书评版在上周日就评论了这本书，并把它作为封面故事，这使学术界人士非常羡慕，也不敢像以前那样轻视新闻记者了。即使这样，赖特在下一个小时所说内容的深度和密度，仍然让每个人吃惊。

他一开始便说生命的秘密不是 DNA，而是在同一时期的另一个发现：约翰·冯·诺曼伊（John Von Neumann）和奥斯卡·摩根斯坦（Oskar Morgenstern）所提出的“非零和博弈”。他认为生命的基本原则是一个倾向于双赢的最成功的繁殖策略，生物系统是一个天然的，被物竞天择机制塑造成的复杂的双赢情境。产生复杂的智慧是必然的结果，如果给予足够的时间，物竞天择的机制一定会筛选出复杂的智慧。

赖特说不但生物进化走上了这条路，人类的历史也是一样。几百年来世界政治的变迁都是由野蛮到文明，这就是以双赢为核心的变迁，这使得人类不断进步。一个文化越是有正向的结果，就越能存活下去，并发扬光大。赖特当然知道历史上有很多恐怖事件发生，他认为历史的进步并不像一辆不停向前行驶的火车头，而是更像是一匹负重的老马，经常不肯向前走，甚至偶尔会倒退。但是整个人类的历史是向前的，他并没有忽略那些后退的脚步，譬如纳粹对犹太人的种族灭绝运动、恐怖主义散播炭疽病毒的行为。

我们正处在暴风雨的末期，接下来就是平静。互联网、全球化和没有爆发核战争并不是偶然的，它是人类选择双赢情境的结果。赖特总结道，人类正站在一个转折点上，从这以后人类会比过去更快乐。

听众们震惊极了，学术界的人一向以自己的批评和反讽能力为傲，我们不习惯听任何乐观的观点。我们从来没有听过这种前途一片大好的看法，尤其是从一个典型的悲观者嘴里说出来。我们更惊讶的是，这篇乐观的论文来自严谨的推论，而且引用的是我们都接受的科学原理和数据。我们走出会场，外面是加勒比海的正午阳光，我觉得一阵晕眩。

☆☆☆☆☆☆

第二天，我有了一个可以跟赖特深谈的机会。我们坐在游泳池畔，他的两个女儿伊莲娜和玛格丽特正在跟劳拉和妮基玩水。黑人侍者穿着镶金边的雪白制服正在为客人送饮料。我和家人昨晚在市郊迷路了，看到了许多刻意不让外来观光客发现的穷困景象。这引发了我的正义感和公平感，为这些穷困的人感到愤怒和无助，这种感觉到今早还没有消失。我对赖特的全球化财富及双赢局面感到怀疑，我不知道这种认为世界正走向乌托邦的信念跟这个观点的持有者正享受着财富和特权是否有关。我不知道积极心理学是否只对处于马斯洛需求层次最顶端的人才有吸引力。乐观、幸福、一个合作的世界？我们在这个会议中究竟在扯些什么呀？

“马丁，你想通过双赢来找出生命的意义吗？”赖特礼貌的问句打断了我灰色的思绪，这种灰色与蔚蓝的天空、明亮的阳光非常不协调。

我从两个非常不同的观点切入，第一是心理学，第二是神学。我告诉赖特我一直在努力改变：身为心理学家致力于科学研究，并建构生命中最美好的事物。我告诉他我并不是反对消极心理学，我从事消极心理学研究已经有35年了。但是我看到平衡积极与消极心理学的迫切性，在我们知道了那么多疯狂的病症的缘由后，是否也应该了解一下正常人是怎么回事呢？如果他的观点是对的，那么现代人应该更想知道生命的意义是什么。

“所以，我一直在思索美德和积极情绪，如欢乐、满足、快乐和幸福。我们为什么要有积极情绪？我们为什么不能将生活建构在消极情绪上？如果我们只有消极情绪——焦虑、恐惧、悲伤，日子一样能过。‘吸引’可以解释为消极情绪的去除，所以我们会接近能解除我们恐惧和悲伤的人；‘逃避’可以解释为消极情绪的增加，所以我们远离让我们恐惧和悲伤的人。进化为什么要在给了我们一个没有幸福感的情绪系统后，再给我们一个有幸福感的系统？一个系统不够吗？”

我接着告诉赖特“非零”可能可以解释这个问题。消极情绪可能是进化出来帮助我们应对输－赢情境的？当我们在你死我活的竞争中时，恐惧和焦虑是我们能够活下来的向导；当我们挣扎着要避免失败或反抗暴力时，悲伤和愤怒是我们的向导。当我们有消极情绪时，这表明我们正面临输－赢情境，这种情绪使我们打、逃或放弃，这些情绪同时也使我们集中注意去处理手边的问题，暂时放下别的事情。

那么，有没有可能积极情绪是进化出来指引我们走向双赢情境的呢？当我们在一种每个人都能赢的情境中（求偶、结伴打猎、抚养孩子、合作、种植作物、教书、学习），快乐、满足、幸福就会驱动我们，引导我们的行为。积极情绪是情绪系统中的一部分，它使我们觉察到双赢的可能性，也因此建构出一套行为，帮助我们扩展并建构各种资源。简言之，积极情绪建构我们生命的教堂。

“如果这是对的，那么人类的未来比你描述的还要好。如果我们现在站在双赢时代的门槛上，那么我们马上就会进入一个感觉良好的时代。”

“你刚才提到了意义和神学的观点，是吗？”怀疑的表情始终没有离开赖特的脸，但因为他的嘴唇没有做出吸柠檬的样子，所以我确定积极心理学及双赢的想法已经进入他的心中。“我以为你是个不信教的人。”

“我是，至少过去是。我以前一直不相信有一个超越时空的万能造物主，一个设计和创造宇宙的神。虽然我也很想相信，但我就是无法相信生命的目的除了我们自己选择的意义之外，还会有其他意义。但现在我开始认为我可能错了，至少有一部分是错的。我目前的观点与有信仰的人无关，他们已经过着自己认为有意义的生活，这也是我认为的意义。但我希望能为那些不信教、只相信证据的人们找到生命的意义。”

我现在说话要很小心，因为我没有读神学方面的书。当我看到神学方面的臆测时，便怀疑那是老朽的科学家大脑灰质细胞死亡的缘故。过去我一直都在无神论和不可知论中间游离，但是赖特的书改变了我。我第一次感到可能有一个比我、比人类还大的东西存在，我现在对神的感觉，是我们这些只看证据、没什么灵性，或是只有希望、很少有信仰的人可以相信的。

“赖特，你记得 50 年代艾萨克·阿西莫夫（Isaac Asimov）的‘最后一个问题’（The Last Question）的故事吗？”他摇摇头，喃喃地说那时他还没有出生。所以我把故事大概说了一下。

这故事是说在 2061 年，太阳系开始冷却。科学家问一部大型电脑：“熵是否可以逆转？”电脑回答道：“没有足够的资料能得出有意义的答案。”地球的居民于是开始逃向年轻的星球。当星际继续冷却时，他们又问一部小型超级电脑，里面存有全部的人类知识，回答仍是：“无足够数据。”这样过了一阵子，电脑越来越精良而宇宙越来越冷，答案却始终都一样。最后又过了几亿年，这个宇宙的热都散光了，人也跑光了，所有知识压缩在几乎绝对零度的超空间中的一个小物质里。这片小物质问自己："熵可以逆转吗？"

它回答道："让光出现。"于是光就出现了。

"赖特，这个故事里寓有神学理论，它是双赢的延伸。你提出了一个没有设计者的设计，这个趋向于复杂的设计就是我们的目的和终点。你说它是终点，因为它是自然选择和文化选择的结果，它偏向双赢。我认为这个设计的复杂性的增加就是人类知识、力量的增加，同时也是美德的增加。在小的知识、力量和美德与大的知识、力量和美德的竞争中，大的通常会赢，当然它会有不顺利和后退的时候。我要问你的是，从长远来看，这个增加力量、知识和美德的历程将走向何方？"

我第一次在赖特脸上看到了吮吸柠檬的表情，所以我马上接着说："在基督教传统里，上帝有四个特质：无所不能、无所不知、拥有美德和创造宇宙。我想我们必须放弃最后这个特质，这也是最令人困扰的特质。如果上帝是个设计者，而且是一个好的、无所不能的设计者，为什么世界上还会有那么多善良的孩子死亡，有恐怖分子滥杀无辜呢？上帝创造宇宙的特质同时也与人的自由意志相抵触，上帝怎么可能创造出一个有自由意志的物种，那谁又创造出上帝呢？

对于这些问题，神学家都有很好的答案。对我们来说是邪恶的事，对上帝不可测的计划来说也可能不是邪恶的。人的自由意志与神的四个特质都是比较困难的问题。卡尔文和路德放弃了人的自由意志来拯救上帝的无所不能，跟这些新教创始者相反的过程神学（process theology）则是近代的发展，他们认为上帝造物时是以增加复杂性为目的的。但是复杂性的增加带来了自由意志及自我意识，所以人类的自由意志是上帝权力的上限。过程神学的上帝说放弃了无所不能，使人类得以享受自由意志，至于谁创造了造物主这个问题，过程神学放弃了创造论，转而说过程变得越来越复杂、一直继续下去，没有起头也没有结尾。所以过程神学的上帝是允许自由意志的，但它的代价是无所不能、无所不知和创世纪的消失。过程神学失败的原因是它将上帝传统的特质剥夺光了，我认为它把上帝的能量剥夺得太多，而上帝变得不再万能了。但这是我所知的最好的尝试，将造物主与无所不能、无所不知及美德进行了调和。

"有一个方法可以解决这个难题：承认造物主的这个特质与其他三个相抵触。这个特质是有神论的中心，但是它让有科学头脑的人无法接受。造物者是超自然的，一个智慧的设计者，它在时间之前就已存在，同时不受自然规律的规范。就把造物的神秘归到宇宙论去吧！我倒是乐得摆脱这些想法。

"这使我们现在的上帝与创世纪无关，但仍然是无所不能、无所不知和美德的化身。现在的大问题是：上帝存在吗？这种神现在无法存在，因为我们又会再碰到两个相同的问题：假如现存的神是无所不知、善良正直的话，那为什么世界上还会有邪恶存在？如果现在的神是万能和全知的，人类怎么会有自由意志？所以过去没有神，现在也没有神。但是问题仍在那儿，从长远来看，这个双赢的原则将把我们带到哪里？给我们带来一个非超自然的神，一个需要通过自然的双赢法则才能得到万能、全知和美德的神。或许，神就是我们的终点。"

我在赖特的脸上看到了认同，但也掺杂着不确定性，但是他的嘴唇没有动。

☆☆☆☆☆☆

一个不断选择复杂的过程最后一定会止于万能、全知和美德。当然，这个目的不可能在我们有生之年完成，甚至无法在人类有生之年实现。我们所能做到的就是选择自己成为这个历程中的一分子，使它前进一步。这是进入有意义的生活的门，有意义的生活必须与比我们自身更宏大的东西联结上，这个东西越大，我们的生活就越有目的。参与这个历程会使我们的生活与一个非常宏大的东西连接上，这也将使你的每一天都过得有意义。

你现在应该能知道自己的生活取向了，你可以选择走向这个目的，或选择与这个目的完全无关的生活；你甚至可以选择故意妨害它。你可以选择以增加知识为中心的生活：学习、教书、教育你的孩子，或从事科学、文学、新闻学等许多类似的行业；你也可以选择以增加力量为中心的生活，通过技术、工程、建筑、医疗服务或制造业来达到这个目的；你还可以选择以增加美德为中心的生活，通过法律、宗教、道德、政治等途径，或通过当警察、消防队队员或从事慈善事业来达成你的目的。

美好的生活来自每一天都应用你的突出优势，有意义的生活还要加上一个条件——将这些优势用于增加知识、力量和美德上。这样的生活一定是孕育着意义的生活，如果神是生命的终点，那么这种生活必定是神圣的。

未来，属于终身学习者

我这辈子遇到的聪明人（来自各行各业的聪明人）没有不每天阅读的——没有，一个都没有。巴菲特读书之多，我读书之多，可能会让你感到吃惊。孩子们都笑话我。他们觉得我是一本长了两条腿的书。

———查理·芒格

互联网改变了信息连接的方式；指数型技术在迅速颠覆着现有的商业世界；人工智能已经开始抢占人类的工作岗位……

未来，到底需要什么样的人才？

改变命运唯一的策略是你要变成终身学习者。未来世界将不再需要单一的技能型人才，而是需要具备完善的知识结构、极强逻辑思考力和高感知力的复合型人才。优秀的人往往通过阅读建立足够强大的抽象思维能力，获得异于众人的思考和整合能力。未来，将属于终身学习者！而阅读必定和终身学习形影不离。

很多人读书，追求的是干货，寻求的是立刻行之有效的解决方案。其实这是一种留在舒适区的阅读方法。在这个充满不确定性的年代，答案不会简单地出现在书里，因为生活根本就没有标准确切的答案，你也不能期望过去的经验能解决未来的问题。

而真正的阅读，应该在书中与智者同行思考，借他们的视角看到世界的多元性，提出比答案更重要的好问题，在不确定的时代中领先起跑。

湛庐阅读 App：与最聪明的人共同进化

有人常常把成本支出的焦点放在书价上，把读完一本书当作阅读的终结。其实不然。

时间是读者付出的最大阅读成本

怎么读是读者面临的最大阅读障碍

“读书破万卷”不仅仅在“万”，更重要的是在“破”！

现在，我们构建了全新的“湛庐阅读”App。它将成为你“破万卷”的新居所。在这里：

- 不用考虑读什么，你可以便捷找到纸书、电子书、有声书和各种声音产品；
- 你可以学会怎么读，你将发现集泛读、通读、精读于一体的阅读解决方案；
- 你会与作者、译者、专家、推荐人和阅读教练相遇，他们是优质思想的发源地；
- 你会与优秀的读者和终身学习者为伍，他们对阅读和学习有着持久的热情和源源不绝的内驱力。

下载湛庐阅读 App，
坚持亲自阅读，
有声书、电子书、阅读服务，
一站获得。

CHEERS

本书阅读资料包

给你便捷、高效、全面的阅读体验

本书参考资料

湛庐独家策划

- 参考文献
  为了环保、节约纸张，部分图书的参考文献以电子版方式提供
- 主题书单
  编辑精心推荐的延伸阅读书单，助你开启主题式阅读
- 图片资料
  提供部分图片的高清彩色原版大图，方便保存和分享

相关阅读服务

终身学习者必备

- 电子书
  便捷、高效，方便检索，易于携带，随时更新
- 有声书
  保护视力，随时随地，有温度、有情感地听本书
- 精读班
  2~4周，最懂这本书的人带你读完、读懂、读透这本好书
- 课　程
  课程权威专家给你开书单，带你快速浏览一个领域的知识概貌
- 讲　书
  30分钟，大咖给你讲本书，让你挑书不费劲

湛庐编辑为你独家呈现
助你更好获得书里和书外的思想和智慧，请扫码查收！

（阅读资料包的内容因书而异，最终以湛庐阅读App页面为准）

图书在版编目（CIP）数据

真实的幸福 /（美）马丁·塞利格曼著 ；洪兰译
. -- 杭州 ：浙江教育出版社，2020.9（2025.11重印）
ISBN 978-7-5722-0605-4

Ⅰ. ①真… Ⅱ. ①马… ②洪… Ⅲ. ①幸福—通俗读物 Ⅳ. ①B82-49

中国版本图书馆CIP数据核字(2020)第152464号

浙江省版权局
著作权合同登记号
图字:11-2020-256号

上架指导：畅销书 / 心理学

真实的幸福
ZHENSHI DE XINGFU
[美] 马丁·塞利格曼 著
洪 兰 译

责任编辑：江 雷 王晨儿
美术编辑：韩 波
封面设计：ablackcover.com
责任校对：刘晋苏
责任印务：曹雨辰

出版发行：浙江教育出版社（杭州市环城北路177号）
印 刷：天津中印联印务有限公司
开 本：710mm ×965mm 1/16　　插 页：1
印 张：19.25　　字 数：260 千字
版 次：2020 年 9 月第 1 版　　印 次：2025 年 11 月第 15 次印刷
书 号：ISBN 978-7-5722-0605-4　　定 价：62.90 元

如发现印装质量问题，影响阅读，请致电 010-56676359 联系调换。